EJERCICIOS RESUELTOS DE CÁLCULO AVANZADO

Eduardo Citto

UNIVERSITAS

CÓRDOBA

Pje España 1467. Te: 4680913. (5000) Córdoba. Argentina

editorialuniversitas@yahoo.com.ar

Ejercicios Resueltos de Cálculo Avanzado

Diseño de Tapa: Universitas

Autoedición: Universitas

Producción Gráfica: Universitas

EMAIL: editorialuniversitas@yahoo.com.ar

Citto, Eduardo
Ejercicios resueltos de cálculo avanzado / Eduardo Citto. - 1a ed. - Córdoba : Universitas Córdoba, 2020.
100 p. ; 24 x 17 cm.

ISBN 978-987-4029-32-4

1. Matemática. 2. Números Complejos. 3. Actividades Prácticas. I. Título.
CDD 512.7880711

Hecho el depósito que marca la ley 11.723.

ÍNDICE

Números complejos

Calcular la suma, diferencia, producto y cociente para cada par de complejos.

1. . **2.** . **3*.** i. **4.** .

5. a) i. b) i.

Realizar las operaciones indicadas y expresar el resultado como iy.

6. $\frac{(1 \quad i)^3}{}$. **7.** $(\quad i)(3 \quad i)(3 \quad i)(3 \quad i)$.

8. $(\quad i)^4$. **9.** $(\quad i)^{-2}$.

Hallar las raíces de:

10*. 0. **11.** 0.

Calcular el módulo de:

12*. i. **13.** $\frac{(3 \quad i)(1 \quad i)}{}$.

14. $\left(\frac{}{}\right)$ o.

Comprobar:

15*. $Re(z \quad) \quad Re(z_1) \quad Re(z_2)$.

16*. $Im(z \quad) \quad Im(z_1) \quad Im(z_2)$.

17*. $\overline{z+w} \quad \bar{} \quad \bar{w}$. **18*.** $\overline{zw} \quad \bar{z}\bar{w}$.

19*. $\overline{\left(\frac{z}{}\right)} \quad \frac{\bar{z}}{\bar{w}}$.

Representar en forma polar.

20*. $\{i, i^2, i^3, i^4, \ldots\}$

21. a*) $1 + i$. b*) $\sqrt{3} + i$. c) $-\sqrt{3} - i$.

Calcular empleando la forma polar.

22. a*) $(-\sqrt{3} + i)^3$. b*) $(3 + 4i)^2(1 + i)^{-2}$.

23. a) $i(1 - i)^2$. b*) $i^3(1 + i)$.

Hallar todas las raíces.

24*. $i^{1/2}$. **25.** $i^{2/3}$.

26*. $(-16)^{1/4}$. **27.** $(-8)^{1/3}$.

Hallar todos los valores de:

28. $(1 + i)^{2/3}$. **29*.** $\frac{(\sqrt{3}+i)^{1/2}}{(1+i)^2}$.

Regiones del plano z

Describir geométricamente los siguientes conjuntos.

30*. $Re(z) = -2$. **31*.** $Re(z) = 3Im(z)$.

32*. $Im(z) \geq Re(z)$. **33*.** $|z + 3 - 4i| > 5$.

34*. $z\bar{z} \geq 2Re(z)$. **35*.** $3 < |z + 1 + i| < 4$.

Función compleja y su derivada

Expresar $f(z)$ en forma binomica como $w = u(x,y) + iv(x,y)$.

36*. $f(z) = (z-i)^2$. **37.** $f(z) = |z|^2 + i$.

38. $f(z) = z^{-1} + i$. **39.** $f(z) = \bar{z}^{-2} + i$. **40*.** $f(z) = z^3$.

Expresar $f(z)$ como función de z, $\bar{z}$ y constantes.

41*. $f(z) = -3y + i(x^2 + y^2)$. **42.** $f(z) = -2xy + i(x^2 + y^2)$.

43. $f(z) = x^2 + iy^2$. **44.** $f(z) = x^2 + y^2$.

Dar el dominio de definición de $w = f(z)$

45. $w = |z|$. **46.** $w = \frac{1}{|z|}$. **47.** $w = \frac{z}{z-\bar{z}}$.

48. $w = (z-i)^2$. **49.** $w = z - 1 + i$. **50.** $w = x^2 - y^2 + 2ixy$.

Establecer los puntos del plano z, donde existe la derivada de las siguientes funciones.

51*. $w = \bar{z}$. **52.** $w = c$. **53*.** $w = x^2 - y^2 - 2ixy$.

54*. $w = x^2 - y^2 - 2xy + i(2xy + x^2 - y^2)$. **55.** $w = e^{|z-1|^2}$.

Determinar la región o dominio del plano z, donde las siguientes funciones son derivables y cuales de ellas son analíticas en algún dominio.

56. $w = x + iy$. **57.** $w = \frac{1}{z}$.

58. a*) $w = x^2 + iy$. b) $w = x^2 + iy^3$.

59. $w = z^2$. **60.** $w = |z+1|^2$.

61. a) $w = e^x(\cos y + i \operatorname{sen} y)$. b*) $w = e^x(\cos x + i \operatorname{sen} y)$.

Armónicas conjugadas

Para que valores de z y n se satisface la ecuación de Laplace?

62*. $w = x^4 - y^3$, Por que no es armónica?

63*. $w = x^n - y^n$.

Determinar si son armónicas y en que dominio.

64. $w = x + y$.

65. $w = xy$.

Obtener la armónica conjugada de:

66*. $w = x + y$.

67. $w = xy$.

Comprobar que si $u(x, y)$ y $v(x, y)$ son armónicas conjugadas:

68*. $\nabla u . \nabla v = 0$, sus gradientes son ortogonales, o sea; u y v, son familias ortogonales de curvas.

Comprobar que:

69*. Si $f(z) = u + iv$ y $g(z) = v + iu$ son analíticas, entonces u y v, son constantes.

70*. Si $f(z) = u + iv$ y $g(z) = u - iv$ son analíticas, entonces u y v, son constantes.

71*. Si $|f(z)| = k$, constante en algún dominio en el que $f(z)$ es analítica, entonces u y v, son constantes en ese dominio.

Funciones elementales

Expresar como $w = u + iv$.

72. a*) $w = e^{3+4i}$. b*) $w = e^{3-4i}$.

c*) $w = e^{i}$. d*) $w = e^{\frac{1}{1-i}}$.

Dar los valores de:

73. a*) $w = e^{i\pi}$. b*) $w = e^{-i\frac{\pi}{2}}$. c*) $w = e^{i/2}$.

Hallar los valores de z en las siguientes ecuaciones.

74. a*) $e^{z} = 1$. b*) $e^{z} = -4i$.

c*) $e^{z} = 1 + i$. d*) $e^{iz} = 1 + i$.

Hallar todas las raíces de:

75. a*) $\cosh z = -2$. b*) $\cos z = 2$. c*) $\cosh z = \frac{1}{2}$.

d*) $\operatorname{senh} z = i$. e*) $\operatorname{sen} z = \cosh 4$.

Hallar el valor de:

76. a*) $\ln 1$. b*) $\ln(-1)$. c) $\ln i$.

d*) $\ln(1 + i\sqrt{3})$.

Usar logaritmo, para calcular:

77. a*) $e^{z} = e^{2+i}$. b*) $(e^{z} - 1)^2 = e^{2z}$.

c*) $e^{e^{z}} = 1$.

Hallar todos los valores de:

78. a*) i^{i}. b*) 2^{1+i}. c*) $(\sqrt{3} + i)^{1+i}$.

d*) 2^{π}.

Encuentre la solución de las siguientes ecuaciones

79. a*) $\cos w = 2$. b*) $\cosh w = i$.

Transformaciones mediante funciones elementales

Dar la imagen de las regiones del plano z que a continuación se describen, con las transformaciones indicadas.

80*. La franja infinita $-1 < x < 1$ con $w = iz$.

81*. El semiplano $x > 0$ con $w = iz + i$.

82*. El semiplano $y > 0$ con $w = (1 - i)z$.

83. La franja semiinfinita $x > 0$, $0 < y < 2$,

a*) con $w = iz + 1$ b*) con $w = 1/z$.

84*. La franja $0 < y < 1/2$ con $w = 1/z$.

85*. $x > 1$, $y > 0$ con $w = 1/z$.

86*. El sector $r < 1$, $0 < \theta < \frac{\pi}{4}$.

a) con $w = z^2$. b) con $w = z^3$. c) con $w = z^4$.

87*. La recta $y = mx$, $m > 0$, con $w = e^z$.

88*. La franja infinita $x \geq 0$, $0 \leq y \leq \pi$, $w = e^z$.

Dar las transformaciones lineales fraccionarias que aplican los puntos indicados.

89*. $\{z_1 = 2, z_2 = i, z_3 = -2\}$ en $\{w_1 = 1, w_2 = i, w_3 = -1\}$.

90. $\{z_1 = -i, z_2 = 0, z_3 = i\}$ en $\{w_1 = -1, w_2 = i, w_3 = 1\}$.

91*. $\{z_1 = \infty, z_2 = i, z_3 = 0\}$ en $\{w_1 = 0, w_2 = i, w_3 = \infty\}$.

Dar los puntos fijos de las transformaciones.

92. a*) $w = \frac{z-1}{z+1}$. b*) $w = \frac{6z-9}{z}$.

Dar la antiimagen de $w = z^2$ para la región limitada por las rectas.

93*. $u = 1,\ u = 2,\ v = 1,\ v = 2$.

94*. $u = 0,\ u = 1,\ v = 0,\ v = 1$.

95*. $u = 1,\ v = 0,\ v = u$.

Integración en el campo complejo

Calcular la integral de línea entre los límites indicados y sobre la trayectoria dada.

96*. $\int xy\,dx$ sobre $y = 1 - x^2$ de $(0,1)$ a $(1,0)$.

Si $F(x,y) = x + y + 1$, y c, la curva $y = x^2$, calcular:

97*. $\int_c F(x,y)\,dx$ de $(0,0)$ a $(1,1)$.

98*. $\int_c F(x,y)\,dy$ de $(0,0)$ a $(1,1)$.

Si $F(x,y) = x^2y$, y c, la curva $x^2 + y^2 = 1$ en el primer cuadrante, calcular:

99*. $\int_c F(x,y)\,dx$ de $(0,1)$ a $(1,0)$.

100*. $\int_c F(x,y)\,dy$ de $(0,1)$ a $(1,0)$.

101*. $\int_c F(x,y)\,ds$ de $(0,1)$ a $(1,0)$.

Calcular sobre la curva $y = x^2$.

102*. $\int_0^{1+i}(z^2+1)\,dz$.

Calcular $\int_i^1 \bar{z}\,dz$, sobre las curvas indicadas.

103. a*) $y = 1 - x$. b*) $y = (1-x)^2$.

c*) $y = 1 - x^2$. d*) $x^2 + y^2 = 1$.

Calcular las siguientes integrales sobre las curvas y entre los límites indicados.

104. a*) $\int_0^1 e^z\,dz$, sobre $y = 0$. b*) $\int_1^{1+i} e^z\,dz$, sobre $x = 1$.

c*) $\int_0^{1+i} e^z\,dz$, sobre $y = x$.

Calcular como integral definida.

105*. La integral del ejercicio 102.

106*. La integral del ejercicio 104 c.

Usar la representación paramétrica $z = z_0 + \rho e^{i\theta}$ para resolver, sobre las curvas indicadas.

107. $\int \frac{z+2}{z}\,dz$

a*) La semicircunferencia $z = 2e^{i\theta}$, con $-\pi \le \theta \le 0$.

b*) La semicircunferencia $z = 2e^{i\theta}$, con $0 \le \theta \le \pi$.

c*) La semicircunferencia $z = 2e^{i\theta}$, con $-\frac{\pi}{2} \le \theta \le \frac{\pi}{2}$.

108. $\int (z-1)\,dz$

a) La semicircunferencia $z - 1 = e^{i\theta}$, con $-\pi \le \theta \le 0$.

b) El segmento de recta $y = 0$, con $0 \le x \le 2$.

Fórmulas integrales de Cauchy

Con las fórmulas integrales de Cauchy calcular:

109*. $\oint_\gamma \frac{z}{z-1}dz$, con $\gamma: |z| = 2.$ **110*.** $\oint_\gamma \frac{\operatorname{sen} z}{(z-1)(z-i)}dz$, con $\gamma: |z| = 2.$

111. $\oint_\gamma \frac{1}{e^z(z-1)}dz$, con $\gamma: |x^2 + y^2| = 2.$

112. $\oint_\gamma \frac{\cosh z}{z^2-z-2}dz,$ con $\gamma: |z-1| = 4.$

113. $\oint_\gamma \frac{z-1}{z(2z^2-18)}dz,$ con $\gamma: |z-2| = 3.$

114. $\oint_\gamma \frac{\cos z}{z^2+9}dz,$ con $\gamma: |z-i| = 3.$

115. $\oint_\gamma \frac{\tan\frac{z}{2}}{(z-x_0)^2}dz,$ con, $|x_0| < 2,$ γ: el cuadrado $x = \pm 2,$ $y = \pm 2.$

116. $\oint_\gamma \frac{e^{iz}}{z^4}dz,$ con $\gamma: |z| = 1.$

117. $\oint_\gamma \frac{1}{(z^2+4)^2},$ con $\gamma: |z-i| = 2.$

118. $\oint_\gamma \frac{e^z}{z(1-z)^3}dz,$ con $\gamma: |z-1| = 2.$

119. $\oint_\gamma \frac{\cos z}{z^2(z-1)^3}dz,$ con $\gamma: |z-1| = 2.$

Aplicar el teorema del valor medio de Gauss para calcular las siguientes integrales.

120. $\int_0^{2\pi} e^{e^{i\theta}}\,d\theta.$ **121.** $\int_0^{2\pi} (\cos\theta + i\operatorname{sen}\theta)\,d\theta.$

122. $\int_{-\pi}^{\pi} \cos(\cos\theta)\cosh(\operatorname{sen}\theta)\,d\theta.$

Series de Taylor y Laurent

Desarrollar en serie de Taylor dando el dominio de convergencia.

123*. $f(z) = \cos z$ entorno a $z_0 = \frac{\pi}{2}$.

124*. $f(z) = \frac{1}{z}$ a) entorno a $z_0 = 1$, b) entorno a $z_0 = -2$.

125*. $f(z) = \frac{1}{z^2}$, obtener el desarrollo entorno a $z_0 = 1$ como

a) $\left(\frac{1}{z}\right)\left(\frac{1}{z}\right)$, b) como $\left(-\frac{1}{z}\right)'$.

126*. $f(z) = z^2$, desarrollar entorno a $z_0 = 1$,

a) sin usar la derivación, b) con la fórmula del coeficiente de Taylor.

Desarrollar en serie de Taylor o Laurent, según corresponda, dando el dominio de convergencia.

127*. $f(z) = \frac{1}{z+1}$, a) valido para $|z - i| < \sqrt{2}$, con centro en $z_0 = i$,

b) valido para $|z - i| > \sqrt{2}$, con centro en $z_0 = i$.

128*. $f(z) = \frac{z}{(z-1)(z-2)}$

a) con centro en $z_0 = 0$, valido para $|z| < 1$,
b) con centro en $z_0 = 0$, valido para $1 < |z| < 2$,
c) con centro en $z_0 = 0$, valido para $|z| > 2$.

129*. $f(z) = \frac{1}{z(z-1)}$, a) con centro en $z_0 = 0$, valido para $|z| < 1$,
b) con centro en $z_0 = 1$, valido para $|z - 1| < 1$.

130*. $f(z) = \frac{e^z - 1}{z}$, con centro en $z_0 = 0$.

131*. $f(z) = \frac{\operatorname{sen} z}{z^3}$, con centro en $z_0 = 0$.

132. $f(z) = \frac{sen\, z-(z-1)^2}{z^3}$, con centro en $z_0 = 0$.

Ceros, polos y residuos

Encontrar el orden y la posición de los ceros de las siguientes funciones.

133. a*) $f(z) = \cos z$ b*) $f(z) = \frac{e^z-1}{z}$

134. a) $f(z) = \ln z$ b*) $f(z) = z^3 \text{sen}\, z$

135. a) $f(z) = (z-1)^3(z-i)^2 \ln(z-1)$ b) $f(z) = (z-1)^3 \text{sen}^2 z$

Determinar el orden y la posición de los polos de las siguientes funciones.

136*. $f(z) = \frac{(z-1)^2}{(z-3)(z-2)^2(z-1)}$

137. $f(z) = \frac{e^{2z}}{z^2-z+1}$

138. $f(z) = \frac{1}{\text{sen}^2 z}$

139. $f(z) = \frac{z}{z-\text{sen}\, z}$

140. $f(z) = \frac{\cosh z - 1}{\text{senh}\, z - \text{sen}\, z}$

141. $f(z) = \frac{\tan z}{\text{sen}\, z - z + \frac{z^3}{3!}}$

Calcular los residuos de las siguientes funciones en todos sus polos.

142. a*) $f(z) = \frac{z-1}{z+1}$ b*) $f(z) = \tan z$

143. a*) $f(z) = \frac{1}{(z^2-1)^2}$ b) $f(z) = \frac{1}{z^3-i}$

144. a*) $f(z) = z \cos\frac{1}{z}$ b) $f(z) = \frac{z}{\cos z}$

145. a) $f(z) = \frac{3e^{2z}}{z^4}$ b) $f(z) = \frac{\tan z}{\text{sen}^2 z}$

146. a) $f(z) = \frac{z}{z-sen\, z}$ b) $f(z) = \frac{1}{(\ln z)(z^2+1)}$

Calculo de integrales aplicando el método de los residuos

147*. La integral del ejercicio 109. **148*.** $\oint_C \frac{1}{\operatorname{sen} z} dz$, con $c\colon |z-6| = 4$.

149*. $\oint_C \frac{(z-1)e^{\frac{1}{z}}}{z} dz$, con $c\colon |z| = \frac{1}{2}$. **150.** $\oint_C \frac{1}{e^z(z^2-1)} dz$, con $c\colon |z-1| = \frac{3}{2}$.

151. $\oint_C z^2 e^{\frac{1}{z}} dz$, con $c\colon |z| = \frac{1}{2}$.

152. $\oint_C \frac{1}{e^{z-1}(z-1)^2} dz$, con $c\colon |z-1| = 1$.

153*. $\oint_C \frac{e^z}{\cosh z} dz$, con $c\colon |z| = 5$. **154.** $\oint_C \frac{1}{z^3(z-1)} dz$, con $c\colon |z-1| = 2$.

Calcular las siguientes integrales empleando residuos.

155. $\int_0^{2\pi} \frac{1}{5-4\cos\theta} d\theta$

156. $\int_0^{\pi} \frac{1}{3+2\cos\theta} d\theta$

157. $\int_0^{2\pi} \frac{1}{5-4\operatorname{sen}\theta} d\theta$

158. $\int_0^{\pi} \frac{\cos^2\theta}{13-5\cos 2\theta} d\theta$

159. $\int_0^{\infty} \frac{1}{(1+x^2)^2} dx$

160. $\int_{-\infty}^{\infty} \frac{x}{(x^2-2x+2)^2} dx$

161. $\int_{-\infty}^{\infty} \frac{x^2}{(x^2-2x+2)^2} dx$

162. $\int_{-\infty}^{\infty} \frac{1+x^2}{1+x^4} dx$

163. $\int_{-\infty}^{\infty} \frac{\cos 3x}{x^2+4} dx$

164. $\int_{-\infty}^{\infty} \frac{x \operatorname{sen} 3x}{(x^2+4)^2} dx$

165. $\int_{-\infty}^{\infty} \frac{\operatorname{sen} x}{x^2+x+1} dx$

166. $\int_{-\infty}^{\infty} \frac{x \operatorname{sen} x}{x^4+1} dx$

Mapeo Conforme

Indique donde son conformes los mapeos definidos por las siguientes funciones.

167. a) $w = e^z$ b) $w = \operatorname{sen} z$

168. a) $w = \frac{1}{z}$ b) $w = z^2 - z$

Indique como afectan al ángulo formado por los ejes $x - y$, en el primer cuadrante, los siguientes mapeos.

169. a) $w = z^3 \operatorname{sen} z$ b) $w = z - \operatorname{sen} z$

170. a) $w = e^z - z$ b) $w = e^{z^2} - \cos z$

Del factor de escala y el giro de tangentes para los siguientes mapeos, en los puntos indicados.

171. $w = z^3 + 4z$ a*) en $z_0 = i$ b*) en $z_1 = 1 + i$

172. $w = e^z$ a*) en $z_0 = i\frac{\pi}{4}$ b*) en $z_1 = 1 + i\pi$

c) en $z_2 = 0$

Series e integrales de Fourier

Determinar la paridad de las siguientes funciones.

173. a*) $f(x) = \tan x$ b*) $f(x) = e^{x^2}$ c) $f(x) = \frac{x+1}{x-1}$

174. a) $f(x) = \ln|x|$ b) $f(x) = \frac{x}{(x+1)(x-1)}$ c) $f(x) = \operatorname{sen}^{-1} x$

Descomponer las siguientes funciones, en sus partes par e impar.

175. a*) $f(x) = x + 1$ b)* $f(x) = e^x$

176. a*) $f(x) = \frac{x+1}{x-1}$ b) $f(x) = \frac{1}{x+1}$

177. a) $f(x) = x\cos x - \cos 2x$ b) $f(x) = \frac{x^2+1}{x-1}$

Dar los desarrollos de Fourier de las siguientes funciones.

178*. $f(x) = \begin{cases} -1, si -\pi \leq x < 0 \\ 1, si\ 0 \leq x < \pi \end{cases}$ **179*.** $f(x) = |x|; \quad \pi \leq x < \pi$

180*. $f(x) = x; \quad \pi \leq x < \pi$ **181*.** $f(x) = \begin{cases} 1, si -\pi \leq x < 0 \\ \frac{1}{2}, si\ 0 \leq x < \pi \end{cases}$

182. $f(x) = e^x; -\pi \leq x < \pi$ **183.** $f(x) = |\text{sen}\, x|$

184. $f(x) = x;\ 0 \leq x < 1$ **185.** $f(x) = \begin{cases} x - 2;\ 2 \leq x < 3 \\ 4 - x;\ 3 \leq x < 4 \end{cases}$

Dar los desarrollos en serie doble de Fourier para $-\pi < x < \pi$, $-\pi < y < \pi$, de las siguientes funciones.

186. $F(x, y) = x$ **187.** $F(x, y) = xy^2$

Obtener la transformada de Fourier de las siguientes funciones.

188*. $f(t) = \begin{cases} 1, si\ |t| < a \\ 0, si\ |t| > a \end{cases}$

189. a*) $f(t) = \begin{cases} \frac{1}{2h}, si\ si\ |t| < h \\ 0, si\ |t| > h \end{cases}$ b*) calcular $\lim_{h\to 0} F(\omega)$

190*. $f(t) = e^{-t^2}$ 191*. $f(t) = \frac{1}{1+t^2}$

Transformada de Laplace

192. a*) $f(t) = 1 + e^t + e^{3t} + \operatorname{sen} 3t$ b*) $f(t) = e^{at+k}$

193. a*) $f(t) = 1 - \cos 2t + 2t$ b*) $f(t) = \operatorname{sen}^2 t$

194. a*) $f(t) = e^{-4t}\operatorname{sen} 4t$ b*) $f(t) = e^t \operatorname{sen}(t-1)$

c*) $f(t) = \operatorname{sen}\frac{2n\pi t}{T}$ d*) $f(t) = \cos(\omega t - \alpha)$

195*. $f(t) = te^{-t}\cos t$

196. $f(t) = (t-1)u_1(t)$

197*. $f(t) = tu_2(t)$

198. $f(t) = \cos\left(t - \frac{\pi}{2}\right) u_{\frac{\pi}{2}}(t)$

199*. $f(t) = u_1(t)\ \operatorname{sen} t$

200. $f(t) = te^{2t}f'(t)$

201*. $f(t) = \int_0^t u \cos u \, du$

202*. $f(t) = \begin{cases} 3, si\ 0 < t < 1 \\ 2, si\ 1 < t < 2 \\ 0, si\ t > 2 \end{cases}$

203*. $f(t) = \begin{cases} 1, si\ 0 < t < \pi \\ 0, si\ \pi < t < 2\pi \end{cases}$, periódica.

204*. $f(t) = \operatorname{sen}^2 t$

205*. $f(t) = t$, período π

Obtener la antitransformada.

206*. $F(s) = \frac{1}{s+1}$

207*. $F(s) = \frac{1}{(s+1)^2}$

208*. $F(s) = \frac{s+1}{s^2+2s-4}$

209*. $F(s) = \frac{e^{-4s}}{s^2+4}$

210*. $F(s) = \frac{1}{(s-2)(s+3)}$

211*. $F(s) = \frac{1}{s(s+2)^2}$

212*. $F(s) = \frac{e^{-s}}{s(s^2+5s+4)}$

213*. $F(s) = \frac{2s}{(s^2+1)^2}$

214*. $F(s) = \frac{4s^2}{(s^2+1)^2}$

215*. $F(s) = \frac{e^{-s}}{(s-1)(s-2)}$

Con la transformada de Laplace, dar la solución del problema de valor inicial.

216*. $y'' + y = 2$ $\quad y(0) = 0 \quad y'(0) = 3$

217*. $y'' - 4y = 0$ $\quad y(0) = 0 \quad y'(0) = -6$

218*. $y'' + 2y' + y = e^t$ $\quad y(0) = 0 \quad y'(0) = 0$

219*. $y'' - ky' = 0$ $\quad y(0) = 2 \quad y'(0) = k$

220*. $9y'' - 6y' + y = 0$ $\quad y(0) = 3 \quad y'(0) = 1$

Funciones especiales

Usando las propiedades de la función $\Gamma(x)$ calcular.

221. a*) $\frac{\Gamma(2)}{2\,\Gamma(3)}$. b*) $\frac{\Gamma(5/2)}{\Gamma(1/2)}$. c*) $\frac{6\,\Gamma(8/3)}{5\,\Gamma(2/3)}$.

222. a*) $\int_0^\infty x^3 e^{-x}\,dx$ b*) $\int_0^\infty x^6 e^{-2x}\,dx$

c*) $\int_0^\infty \sqrt{y} e^{-y^2}\,dy$

Solución por series de ecuaciones diferenciales

Con el método de las series de potencias, dar la solución alrededor del punto $x_0 = 0$

223. a*) $y'' + y = 0$ b*) $y'' - y = 0$

224. a*) $y'' - 3xy = 0$ b*) $y'' - 3xy' - y = 0$

225. a*) $(x^2+1)y''-6y=0$ b*) $3y''-xy'+y=x^2+2x+1$

226. a) $y''+xy'-2y=e^x$ b) $y'''-3xy'-y=0$

Dar una solución en forma de serie de potencias, alrededor del punto $x_0 = 1$.

227. a*) $y'=cy$ c, constante b*) $y'+\frac{1}{x}y=0$

Dar los cuatro primeros términos no nulos, del desarrollo en serie, de la solución del problema de valores iniciales.

228. $y''+(\operatorname{sen} x)y=0$ $y(0)=1$ $y'(0)=0$

229. $2y''-y'+(x+1)y=0$ $y(0)=0$ $y'(0)=1$

230. $(x+1)y''+y'+xy=0$ $y(0)=y'(0)=-1$

231. $2y''-xy=\cos x$ $y(0)=y'(0)=0$

Hallar y clasificar los puntos singulares de las siguientes ecuaciones.

232. $x^3(x^2-1)y''-x(x+1)y'-(x-1)y=0$

233. $(3x-2)^2xy''+xy'-y=0$

234. a) $x^3(x-1)y''+(x-1)y'+2xy=0$

b) $x^3(x+1)^2y''-y=0$

235. $(1-x^2)y''-2xy'\lambda(\lambda+1)y=0$, ecuación de Legendre

236. $x^2y''+xy'+(x^2-\lambda^2)y=0$, ecuación de Bessel

Encontrar la ecuación indicial asociada con el punto singular regular en $x_0=0$, para las siguientes ecuaciones.

237. a) $x^2y''+xy'-y=0$

b) $x^2y''-2x(x+1)y'+(x-1)y=0$

238. a) $x^2y'' - 2xy' + y = 0$ b) $x^2y'' + xy' + (x^2 - \lambda^2)y = 0$

239. $xy'' + (1 - x)y' + \lambda y = 0$

Utilizar el método de Frobenius para encontrar dos soluciones linealmente independientes de las siguientes ecuaciones.

240. $2x^2y'' + xy' - y = 0$

241. $9x^2y'' + 3x(x + 3)y' - (4x + 1)y = 0$

242. $xy'' + \frac{x+1}{2}y' - y = 0$

243. $8x^2y'' - 2x(x - 1)y' + (x + 1)y = 0$

Encontrar dos soluciones linealmente independientes alrededor de $x_0 = 0$, para cada una de las siguientes ecuaciones.

244. $x(x - 4)y'' + (x - 2)y' - 4y = 0$

245. $2x^2y'' + 5xy' - 2y = 0$

246. $8x(x + 4)y'' - 8y' + y = 0$

Ecuación de Legendre

Con el método de Gram-Schmidt, ortogonalizar.

247*. $\{1, x. x^2, \ldots\}$, en $[-1, 1]$

Con la fórmula de Rodrigues, obtenga.

248. $P_0(x)$, $P_1(x)$, $P_2(x)$, $P_3(x)$, trace su gráfico en $[-1, 1]$.

Verificar que:

249*. $P_1(x)$ y $P_2(x)$, satisfacen las correspondientes ecuaciones de Legendre.

Probar que:

250. a*) $P_m(x).P_n(x) = 0$, si $m \neq n$, b) $\|P_n(x)\|^2 = \frac{2}{2n+1}$

Derivando la función generadora $F(h, z)$ de los $P_n(z)$, con respecto a h y z, obtener las relaciones.

251*. $(n+1)P_{n+1}(z) - (2n+1)zP_n(z) + nP_{n-1}(z) = 0$

252*. $P_n'(z) - 2zP_{n-1}' + P_{n-2}' = P_{n-1}(z)$

Desarrollar en serie de $P_n(x)$

253*. $f(x) = \begin{cases} -1, si -1 \leq x < 0 \\ 1, si\ 0 \leq x < 1 \end{cases}$, tres primeros términos.

Ecuación de Bessel

Calcular:

254. a*) $\Gamma(1) = 1$ b*) $\Gamma\left(\frac{1}{2}\right) = \sqrt{\pi}$ c*) $\lim_0 \Gamma(z) = \infty$

Demostrar:

255. a*) $J_0'(x) = -J_1(x)$ b*) $J_{-n}(x) = (-1)^n J_n(x)$

c*) $\left[x^{-p}J_p(x)\right]' = -x^{-p}J_{p+1}(x)$

Expresar en términos de $J_0(x)$ y $J_1(x)$.

256. a*) $J_3(x)$ b*) $J_4(x)$

Con la función generadora demostrar:

257*. $J_k(x+y) = \sum_0^k J_j(x)\, J_{k-j}(y)$

Verificar que:

258. $J_0(x)$, satisface $x^2y'' + xy' + x^2y = 0$.

Desarrollar.

259. a*) $J_0(x)$ b*) $J_1(x)$

En las siguientes ecuaciones, realizar la sustitución indicada y resolver como ecuación de Bessel.

260 $*.\ x^2y'' + xy' + (\lambda^2x^2 - \nu^2)y = 0$ $\lambda x = z$

261 $*.\ 4x^2y'' + 4xy' + (x - \nu^2)y = 0$ $\sqrt{x} = z$

262*. $x^2y'' + xy' + 4(x^4 - \nu^2)y = 0$ $x^2 = z$

263*. $xy'' - y' + xy = 0$ $y = xu$

Problema de Sturm-Liouville

Encontrar todas las soluciones de los siguientes problemas con valor en la frontera.

264*. $y'' + y = 0$ $y(0) = 1$ $y(\pi) = -1$

265*. $y'' + \lambda y = 0$ $y'(0) = 0$ $y'(\pi) = 0$

266. $y'' + \lambda y = 0$ $y(0) = 0$ $y'(L) = 0$

267. $y'' + \lambda y = 0$ $y(0) = 0$ $y(1) = 0$

268*. $y'' + \lambda y = 0$ $y(0) = 0$ $y'(L) + cy(L) = 0$

269. a) $y'' + 9y = 0$ $y'(0) = 0$ $y'(\pi) = 0$

b) $y'' + 9y = 0$ $y(0) = 0$ $y(\pi) = 0$

c) $y'' + 9y = 0$ $\qquad y(0) = 0 \qquad y(\pi) = 1$

270. a) $y'' + \lambda y = 0$ $\qquad y(0) = 0 \qquad y'(1) = 0$

b) $y'' + \lambda y = 0$ $\qquad y'(0) = 0 \qquad y'(1) = 0$

c*) $y'' + \lambda^2 y = 0$ $\qquad y(-\pi) = y(\pi),\ y'(-\pi) = y'(\pi)$

Encontrar los valores propios para:

271*. El operador $-D^2$, con las condiciones $y(0) = y(\pi) = 0$

Expresar los siguientes operadores diferenciales lineales en forma autoadjunta.

272 *. $D^2 + \frac{1}{x} D + 1$ $\qquad x > 0$

273*. $(\cos x) D^2 + (\operatorname{sen} x) D - 1$ $\qquad -\frac{\pi}{2} < x < \frac{\pi}{2}$

274. $x^2 D^2 + xD + (x^2 - p^2)$ $\qquad x > 0,\ p \in \mathbb{R}$

275. $(1 - x^2) D^2 - 2xD + n(n + 1)$ $\qquad -1 < x < 1,\quad n,$ entero no negativo

Dar el desarrollo formal en serie de la solución, para los siguientes problemas con valor en la frontera, en términos de las funciones propias para el sistema de Sturm-Liouville asociado.

276*. $y'' = x(x - 2\pi)$ $\qquad y(0) = 0 \qquad y'(\pi) = 0$

277. $y'' = x^2 - \pi^2$ $\qquad y'(0) = 0 \qquad y(\pi) = 0$

278. $y'' = \operatorname{sen} \frac{\pi x}{L}$ $\qquad y'(0) = 0 \qquad y'(L) = 0$

279. $y'' = \operatorname{sen} \frac{\pi x}{L}$ $\qquad y(0) = 0 \qquad y'(L) = 0$

280. $y'' = \begin{cases} -x, si\ 0 < x < \frac{\pi}{2} \\ x - \frac{\pi}{2}, si\ \frac{\pi}{2} < x < \pi \end{cases}$ $\qquad y(0) = 0 \qquad y(\pi) = 0$

281. a) $y'' = \text{sen}^2 x \quad y(0) = y(\pi) \quad y'(0) = y'(\pi)$

b*) Discutir las posibles soluciones de:

$$y'' = -h(x) \qquad y(0) = y(2\pi) \quad y'(0) = y'(2\pi)$$

Obtener los valores propios y las funciones propias de los siguientes problemas con valor en la frontera.

282. $y'' + (1+\lambda)y = 0 \qquad y(0) = 0 \quad y(\pi) = 0$

283. $y'' + (1-\lambda)y = 0 \qquad y(0) = 0 \quad y'(1) = 0$

284. $y'' + 2y' + (1-\lambda)y = 0 \qquad y(0) = 0 \quad y(1) = 0$

285. $y'' - 4y' + (4-\lambda)y = 0 \qquad y(0) = 0 \quad y(\pi) = 0$

Conjuntos ortogonales de funciones

Encontrar, $(f.g)$, $\|f\|$ y $\|g\|$, en $C(0,1)$ para cada uno de los siguientes pares de funciones.

286*. $f(x) = x, \; g(x) = 1 - x^2$

287. $f(x) = x, \; g(x) = 1 - x$

288. $f(x) = \text{sen}\,\frac{\pi}{2}x, \; g(x) = \cos\frac{\pi}{2}x$

289. $f(x) = e^x, \; g(x) = \text{sen}\,x$

290. $f(x) = \left|x - \frac{1}{2}\right|, \; g(x) = \frac{1}{2} - \left|x - \frac{1}{2}\right|$

Encontrar $f.g$ para cada uno de los siguientes pares de funciones en $C(0,1)$, cuando el producto interior esta definido con respecto a la función peso $w(x) = e^x$.

291*. $f(x) = 1 - 2x, \; g(x) = e^{-x}$

292*. $f(x) = x^2, \; g(x) = e^x$

293. $f(x) = x, \; g(x) = 1 - x$

294. $f(x) = \cos\frac{\pi}{2}x, \; g(x) = 1$

295*. $f(x) = e^{-x/2}\,\text{sen}\frac{\pi}{2}x\,, \; g(x) = e^{-x/2}\,\text{sen}\,3\frac{\pi}{2}x$

Ortogonalizar en $C(0,1)$, cada uno de los siguientes conjuntos.

296*. e^x, e^{-x} **297*.** e^x, e^{2x} **298*.** $1, 2x, e^x$

Ecuaciones diferenciales en derivadas parciales

Separar las variables y obtener la solución general de las siguientes ecuaciones diferenciales en derivadas parciales.

299. a*) $u'_x - u'_y = 0$ b*) $u'_x + u'_y = 0$

c*) $xu'_x - yu'_y = 0$

300. a) $u'_x - yu'_y = 0$ b) $ayu'_x - bxu'_y = 0$

c) $u'_x + u'_y = 2(x+y)u$

301. a) $u''_{xx} - u''_{yy} = 0$ b) $u''_{xy} - u = 0$

c) $x^2u''_{xy} + 3y^2u = 0$

Resolver el problema del valor inicial.

302*. $3u'_x + 2u'_y = 0$ $u(x,0) = 4e^{-x}$

303. $u'_x = 4u'_y$ $u(0,y) = 8e^{-3y}$

304*. $u'_x = 2u'_y + u$ $u(x,0) = 3e^{-5x} + 2e^{-3x}$

305. $u'_t = 3u'_x$ $u(x,0) = 8e^{-2x}$

Resolver los siguientes problemas con valor en la frontera.

306*. $u'_t = 4u''_{xx}$ $u(0,t) = u(\pi,t) = 0$

$u(x,0) = 2 \operatorname{sen} 3x - 4 \operatorname{sen} 5x$

307. $u'_t = u''_{xx}$ $\quad u'_x(0,t) = u(2,t) = 0$

$u(x,0) = 8 \cos\frac{3\pi x}{4} - 6 \cos\frac{9\pi x}{4}$

308. $u'_t = u''_{xx}$ $\quad u(0,t) = u(4,t) = 0$

$u(x,0) = 6 \operatorname{sen}\frac{\pi x}{2} + 3 \operatorname{sen} \pi x$

Considerando $\Delta = B^2 - 4AC$, clasificar las siguientes ecuaciones diferenciales según $\Delta < 0$, $\Delta = 0$ y $\Delta > 0$, como elípticas, parabólicas o hiperbólicas.

309. a*) $u'_t = u''_{xx}$ $\quad$ b*) $u''_{tt} + u''_{xx} = 0$

310. a*) $u''_{xx} + u''_{xy} - 6u''_{yy} = 0$ $\quad$ b*) $u''_{xx} + 6u''_{xy} + 9u''_{yy} = 0$

Determinar las regiones del plano $x - y$, en que las siguientes ecuaciones son, elípticas, parabólicas o hiperbólicas.

311*. $(x^2 - 1)u''_{xx} + 2yu''_{xy} - u''_{yy} = 0$

312*. $u''_{xx} + xu''_{xy} + yu''_{yy} - xyu'_x = 0$

Escribir la ecuación de las curvas características, para las siguientes ecuaciones.

313. a*) $u''_{xx} = \frac{1}{c^2} u''_{tt}$ $\quad$ b*) $u'_t = u''_{xx}$

314. $(x^2 - 1)u''_{xx} + 2yu''_{xy} - u''_{yy} = 0$

Soluciones

Números complejos

1. $S = 2 + i, D = -2 + i, P = 2i, C = \frac{i}{2}$

2. $S = 1 + 2i, D = 1, P = i - 1, C = 1 - i$

3*. $S = (1 + i) + (1 - i) = (1 + 1) + i(1 - 1) = 2$

$D = (1 + i) - (1 - i) = (1 - 1) + i[1 - (-1)] = 2i$

$P = (1 + i).(1 - i) = 1.1 + 1.(-i) + i.1 + i.(-i) = 1 - i + i - i^2 = 2$

$C = \frac{(1+i)}{(1-i)}\frac{(1+i)}{(1+i)} = \frac{(1+i)^2}{2} = \frac{1^2+2.1.i+i^2}{2} = \frac{2i}{2} = i$

4. $S = 7 + i, D = 3 + i, P = 10 + 5i, C = 2 - i$

5. a) $S = 7 - i, D = -1 - 3i, P = 14 - 5i, C = \frac{10-11i}{7}$

b) $S = 5 + 4i, D = 3 + 6i, P = 9 + i, C = \frac{-1+9i}{2}$

6. $-\frac{2}{5} - \frac{6}{5}i$. 7. 25. 8. $-5 - 24i$. 9. $-\frac{1}{2}i$.

10*. Aplicamos $z = \frac{-b\pm\sqrt{b^2-4ac}}{2a}$

$z = \frac{-2\pm\sqrt{2^2-4.1.2}}{2.1} = \frac{-2\pm\sqrt{4-8}}{2} = \frac{\sqrt{-4}}{2} = \frac{-1\pm\sqrt{-1}\sqrt{4}}{2} = \begin{cases}-1+i\\-1-i\end{cases}.$

11. $z = \begin{cases}\frac{\sqrt{3}-i}{2}\\\frac{-\sqrt{3}-i}{2}\end{cases}$

12*. Siendo $z = x + iy$, $|z| = \sqrt{x^2 + y^2}$. Es $|3 + 4i| = \sqrt{3^2 + 4^2} = 5$

13. $\sqrt{2}$.

14. 1.

15*. Hacemos $z_1 = x_1 + iy_1$ y $z_2 = x_2 + iy_2$; $Re(z_1) = x_1$, $Re(z_2) = x_2$

$$Re(z_1 + z_2) = Re[(x_1 + iy_1) + (x_2 + iy_2)] = Re[(x_1 + x_2) + i(y_1 + y_2)] = (x_1 + x_2) = Re(z_1) + Re(z_2)$$

16*. Hacemos $z_1 = x_1 + iy_1$ y $z_2 = x_2 + iy_2$; $Im(z_1) = y_1$, $Im(z_2) = y_2$

$$Im(z_1 - z_2) = Im[(x_1 + iy_1) - (x_2 + iy_2)] = Im[(x_1 - x_2) + i(y_1 - y_2)] = (y_1 - y_2) = Im(z_1) - Im(z_2)$$

17*. Hacemos $z = x + iy$ y $w = u + iv$; $\bar{z} = x - iy$, $\bar{w} = u - iv$

$$\overline{z + w} = \overline{(x + iy) + (u + iv)} = \overline{(x + u) + i(y + v)} = (x + u) - i(y + v) = (x - iy) + (u - iv) = \bar{z} + \bar{w}$$

18*. Hacemos $z = x + iy$ y $w = u + iv$; $\bar{z} = x - iy$, $\bar{w} = u - iv$

$$\overline{zw} = \overline{(x + iy)(u + iv)} = \overline{(xu - yv) + i(xv + yu)} = (xu - yv) - i(xv + yu) = (x - iy)(u - iv) = \bar{z}\bar{w}$$

19*. Hacemos $z = x + iy$ y $w = u + iv$; $w\bar{w} = u^2 + v^2$

$$\overline{\left(\frac{z}{w}\right)} = \overline{\left(\frac{x+iy}{u+iv}\right)} = \overline{\left[\frac{(x+iy)(u-iv)}{u^2+v^2}\right]} = \frac{(x-iy)(u+iv)}{u^2+v^2} = \frac{(x-iy)(u+iv)}{(u+iv)(u-iv)} = \frac{(x-iy)}{(u-iv)} = \frac{\bar{z}}{\bar{w}}$$

20*. $\{i, i^2, i^3, i^4, \dots\}$ $\quad i = e^{i\frac{\pi}{2}}$, $i^2 = e^{i\pi}$, $i^3 = e^{i3\frac{\pi}{2}}$, $i^4 = e^{i\pi}$

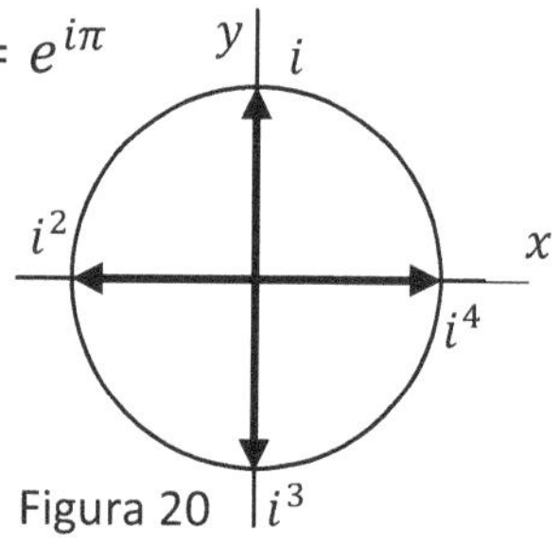

Figura 20

21. a*) $z = x + iy = |z|e^{i\theta}$, $|z| = \sqrt{x^2 + y^2}$, $\theta = \tan^{-1}\frac{y}{x}$

entonces $1 + i = |1 + i|e^{i\theta}$, $|1 + i| = \sqrt{2}$, $\theta = \tan^{-1}1 = \frac{\pi}{4}$

finalmente $1 + i = \sqrt{2}e^{i\frac{\pi}{4}}$.

b) $\sqrt{3}+i=\left|\sqrt{3}+i\right|e^{i\tan^{-1}\frac{1}{\sqrt{3}}}=2e^{i\frac{\pi}{6}}$. c) $2e^{-i\frac{\pi}{6}}$.

22. a*) $z=x+iy=|z|e^{i\theta}$, $|z|=\sqrt{x^2+y^2}$, $\theta=\tan^{-1}\frac{y}{x}$

$\left|-\sqrt{3}+i\right|=2$, $\theta=tan^{-1}\frac{-\sqrt{3}}{1}=5\frac{\pi}{6}$, entonces $(-\sqrt{3}+i)^3=\left(2e^{5\frac{\pi}{3}}\right)^3=8e^{i5\frac{\pi}{2}}$.

b*) $(3+4i)^2(1+i)^{-2}=\left(|3+4i|e^{i\,\theta_1}\right)^2\left(|1+i|e^{i\,\theta_2}\right)^{-2}$.

$|3+4i|=\sqrt{9+16}=5$, $|1+i|=\sqrt{2}$, $\theta_1=\tan^{-1}\frac{4}{3}$, $\theta_2=\tan^{-1}1=\frac{\pi}{4}$

$(3+4i)^2(1+i)^{-2}=5^2\left(\sqrt{2}\right)^{-2}e^{2i(\theta_1-\theta_2)}$.

23. a*) $i(1-i)^2=e^{i\frac{\pi}{2}}.(\sqrt{2}e^{i7\frac{\pi}{4}})^2=2e^{i9\frac{\pi}{4}}$.

b*) $i^3(1+i)=\left(e^{i\frac{\pi}{2}}\right)^3\sqrt{2}e^{i\frac{\pi}{4}}=\sqrt{2}e^{i\,7\frac{\pi}{4}}$

24*. $i^{1/2}$, $\sqrt[n]{z}=\left(\rho^{i\theta}\right)^{\frac{1}{n}}=\rho^{\frac{1}{n}}e^{i\frac{\theta+2k\pi}{n}}$, $\rho=|z|=\sqrt{x^2+y^2}$, $k=0,1,2,\dots,n-1$, $\theta=\frac{\pi}{2}$.

Siendo $z=i$, $|z|=1$, $n=2$, $k=0;1$,

se tiene; $i^{1/2}=1^{\frac{1}{2}}e^{i\frac{\frac{\pi}{2}+2k\pi}{2}}=\begin{cases}e^{i\frac{\pi}{4}}, si\ k=0\\ e^{i5\frac{\pi}{4}}, si\ k=1\end{cases}$.

25. $i^{2/3}=\begin{cases}e^{i\frac{\pi}{3}}\\ e^{i\pi}\\ e^{i5\frac{\pi}{3}}\end{cases}$.

26*. $(-16)^{\frac{1}{4}}=\left(|-16|e^{i\pi}\right)^{\frac{1}{4}}=|-16|^{\frac{1}{4}}e^{i\frac{\pi+2k\pi}{4}}=\begin{cases}2e^{i\frac{\pi}{4}}, si\ k=0\\ 2e^{i3\frac{\pi}{4}}, si\ k=1\\ 2e^{i5\frac{\pi}{4}}, si\ k=2\\ 2e^{i7\frac{\pi}{4}}, si\ k=3\end{cases}$.

27. $(-8)^{1/3} = \begin{cases} 2e^{i\frac{\pi}{3}} \\ 2e^{i\pi} \\ 2e^{i5\frac{\pi}{3}} \end{cases}.$

28. $(1+i)^{2/3} = \begin{cases} \sqrt[3]{2}e^{i\frac{\pi}{6}} \\ \sqrt[3]{2}e^{i5\frac{\pi}{6}} \\ \sqrt[3]{2}e^{i9\frac{\pi}{6}} \end{cases}.$

29*. $\frac{(\sqrt{3}+i)^{1/2}}{(1+i)^2} = \frac{\left(\sqrt{4}\, e^{i\frac{\pi}{6}}\right)^{1/2}}{2i} = \begin{cases} -i\,\frac{\sqrt{2}}{2}\,e^{i\frac{\pi}{12}} \\ -i\,\frac{\sqrt{2}}{2}\,e^{i\frac{13\,\pi}{12}} \end{cases}.$

Regiones del plano z

30*. $Re(z) = -2$, es todo z de la forma $z = (-2, y)$, o sea, la recta $x = -2$, ver figura 30.

31*. $Re(z) = 3Im(z)$, es $x = 3y$, o bien la recta $y = \frac{1}{3}x$, figura 31.

32*. $Im(z) \geq Re(z)$, o bien $y \geq x$, es la región sobre la recta $y = x$, figura 32.

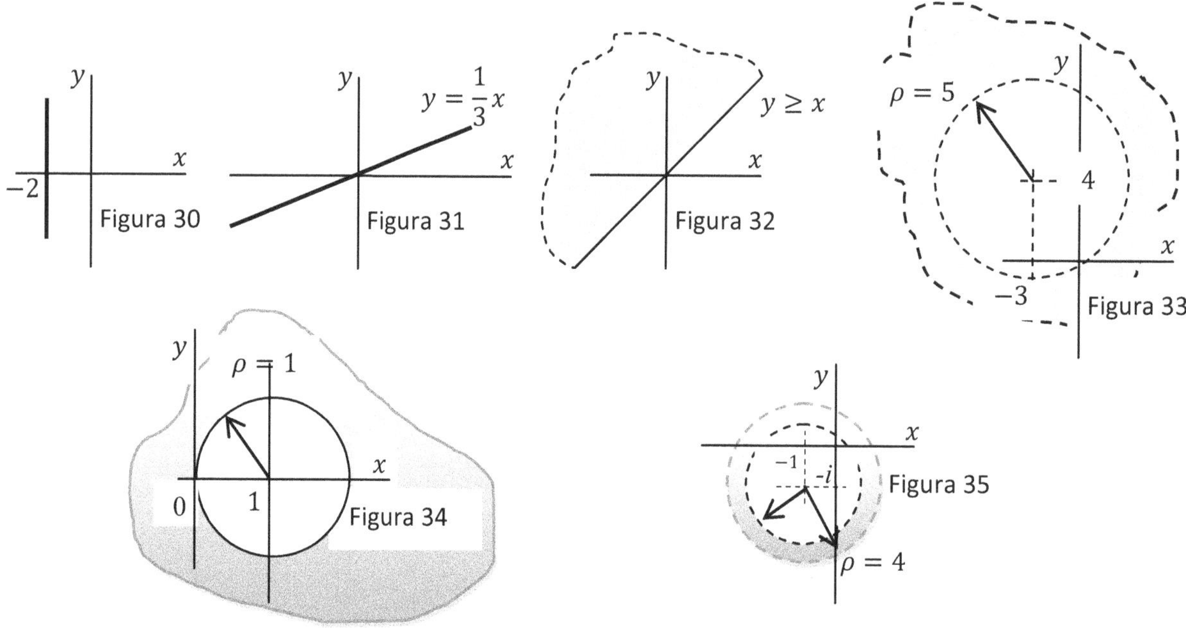

33*. $|z+3-4y|>5$, es la expresión $|z-z_0|>5$, que representa todos los puntos que están por fuera de la circunferencia de radio $\rho=5$, y centro en $z_0=-3+4i$, figura 33.

34*. $z\bar{z}\geq 2Re(z)$, o bien, $x^2+y^2\geq 2x$, que es $x^2-2x+y^2\geq 0$ y completando cuadrado $(x-1)^2+y^2\geq 1$, que es la circunferencia de centro $(1,0)$ y radio $\rho=1$, figura 34.

35*. $3<|z+1+i|<4$, es la relación $3<|z+1+i|<4$, o bien $3<|z-z_0|<4$, que representa el anillo formado por las dos circunferencias de centro $z_0=-1-i$, y radios $r=3$ y $\rho=4$, figura 35.

Función compleja y su derivada

36*. $f(z)=(z-i)^2=[x+i(y-1)]^2=x^2-(y-1)^2+i2x(y-1)$.

37. x^2+y^2+i. 38. $\frac{x}{x^2+y^2}+i\frac{x^2+y^2-y}{x^2+y^2}$. 39. $\frac{x^2-y^2}{(x^2+y^2)^2}+i\frac{(x^2+y^2)^2+2xy}{(x^2+y^2)^2}$.

40*. $z^3=(x+iy)^3=x^3+3x^2iy+3x(iy)^2+(iy)^3=x^3-3xy^2+i(3x^2y-y^3)$

41*. $x=\frac{z+\bar{z}}{2i}$, $y=\frac{z-\bar{z}}{2}$, y $z\bar{z}=|z|^2=x^2+y^2$, entonces

$f(z)=-3y+i(x^2+y^2)=3i\frac{z-\bar{z}}{2}+iz\bar{z}$.

42. $i\left(\frac{z^2}{2}-\frac{\bar{z}^2}{2}\right)+i\,z\bar{z}$. 43. $\left(\frac{z+\bar{z}}{2}\right)^2-i\left(\frac{z-\bar{z}}{2}\right)^2$. 44. $z\bar{z}$.

45. plano z. 46. plano z, excluido $z=0$. 47. plano z, excluido el eje real,

48. plano z. 49. plano z. 50. plano z.

51*. $w = \bar{z} = x - iy$, $\begin{cases} u = x \\ v = -y \end{cases}$, de donde $\begin{cases} u_x = 1, u_y = 0 \\ v_x = 0, v_y = -1 \end{cases}$ y las condiciones de Cauchy-Riemann son $\begin{cases} u_x = v_y \\ u_y = -v_x \end{cases}$, por lo tanto $\bar{z}$ no tiene derivada en punto alguno del plano z.

52. plano z.

53*. $w = x^2 - y^2 - 2ixy$, $\begin{cases} u = x^2 - y^2 \\ v = -2xy \end{cases}$ $\begin{cases} u_x = 2x, u_y = -2y \\ v_x = -2y, v_y = -2x \end{cases}$

y entonces las condiciones C-R $\begin{cases} u_x = v_y \\ u_y = -v_x \end{cases}$ solo se cumplen en $z = 0 + i0$.

54*. *plano* z.

55. $z = \pm 1$.

56. $w = x + iy$ $\begin{cases} u = x \\ v = y \end{cases} \Rightarrow \begin{cases} u_x = 1, u_y = 0 \\ v_x = 0, v_y = 1 \end{cases}$, holomorfa.

57. analítica en el plano z, excluido $z = 0$.

58. a*) $w = x^2 + iy$, $\begin{cases} u = x^2 \\ v = y \end{cases}$ de donde $\begin{cases} u_x = 2x, u_y = 0 \\ v_x = 0, v_y = 1 \end{cases}$ y las condiciones de C-R exigen que $u_x = v_y$, o bien que $2x = 1$, por lo que solo existe f', sobre la recta $x = \frac{1}{2}$, w no es analítica en ningún dominio.

b) solo es derivable sobre la curva $y = \pm\left(\frac{2}{3}x\right)^{1/2}$, $x > 0$.

59. holomorfa.

60. solo derivable en $z = -1$.

61. a) holomorfa.

b*) $w = e^x(\cos x + i \operatorname{sen} y)$, $\begin{cases} u = e^x \cos x \\ v = e^x \operatorname{sen} y \end{cases}$ y $\begin{cases} u_x = e^x(\cos x - \operatorname{sen} x), u_y = 0 \\ v_x = e^x \operatorname{sen} y, v_y = e^x \cos y \end{cases}$, las condiciones de C-R exigen que $\begin{cases} e^x \operatorname{sen} y = 0 \\ \cos x - \operatorname{sen} x = \cos y = \pm 1 \end{cases}$ por lo que debe ser $y = 0 \pm k\pi$, $k = 0, 1, 2, \ldots$ y haciendo en la segunda condición, $(\cos x - \operatorname{sen} x)^2 = 1$, obtenemos

$-2\,\mathrm{sen}\,x\,cos\,x = 0$, por lo que debe ser $x = \pm m\frac{\pi}{2}$, $m = 1, 2, \ldots$, de modo que f', solo existe en $z = \pm m\frac{\pi}{2} \pm ik\pi$. w, no es analítica en ningún dominio.

Armónicas conjugadas

62*. $w = x^4 - y^3$, $\begin{cases} w_{xx} = 12x^2 \\ w_{yy} = 6y \end{cases}$, entonces $\nabla^2 w = w_{xx} + w_{yy} = 12x^2 - 6y = 0$,

se cumple solo sobre la curva $y = 2x^2$, que no es un dominio, esto significa que no es armónica.

63*. $\nabla^2 w = n(n-1)(x^{n-2} - y^{n-2})$, armónica solo si $n = 2$, trivialmente si $n = 0$.

64. armónica en el plano z.

65. armónica en el plano z.

66*. $w = x + y$, $u = x + y$, $u_x = 1$, $u_y = 1$, $v(x, y) = \int \frac{\partial v}{\partial y} dy + c(x)$, de donde, usando la condición de C-R $u_x = v_y = 1$, $v(x, y) = \int 1\,dy + c(x) = y + c(x)$, a continuación derivamos respecto de x, para obtener $c(x)$: $v_x = [y + c(x)]_x = c_x = -u_y = -1$, por la segunda condición de C-R. Entonces de $\frac{dc}{dx} = -1$, obtenemos $c = \int dx = -x + k$. Reemplazando c en $v(x, y) = y + c(x)$, obtenemos $v(x, y) = y - x + k$, que naturalmente cumple $\begin{cases} v_x = 1 = -u_y \\ v_y = 1 = u_x = 1 \end{cases}$, en tanto se obtuvo imponiendo que se cumplan las condiciones de C-R.

67. $v(x, y) = \frac{y^2}{2} - \frac{x^2}{2} + k$.

68*. $\nabla u . \nabla v = (u_x, u_y).(v_x, v_y) = u_x v_x + u_y v_y$ aplicando $\begin{cases} u_x = v_y \\ u_y = -v_x \end{cases}$, se obtiene $\nabla u . \nabla v = -u_x u_y + u_y u_x = 0$.

69*. Si $f(z) = u + iv$ es analítica, se cumple que $\begin{cases} u_x = v_y \\ u_y = -v_x \end{cases}$, a su vez, si $g(z) = v + iu$ es analítica, se cumple que $\begin{cases} v_x = u_y \\ v_y = -u_x \end{cases}$, y los dos sistemas son incompatibles, salvo que u y v sean constantes, con lo que se anulan sus derivadas.

70*. Si $f(z) = u + iv$ y $g(z) = u - iv$. Se observa que $g = \bar{f}$, con lo que las condiciones de C-R para f son $\begin{cases} u_x = v_y \\ u_y = -v_x \end{cases}$ y para $\bar{f}$ son $\begin{cases} u_x = -v_y \\ u_y = v_x \end{cases}$, sistemas que solo son compatibles si las derivadas de u y v son nulas. O sea, u y v, son constantes.

71*. Si $|f(z)| = k$, $|f|^2 = f\bar{f} = k^2 = c$, de donde $\bar{f} = \frac{c}{f}$, relación que implica la analiticidad simultanea de $\bar{f}$ y f ya que f es analítica también lo es $\frac{1}{f}$, salvo en los ceros de f. Por el ejercicio anterior, sabemos que la analiticidad simultanea de $\bar{f}$ y f, requiere que f sea constante.

Funciones elementales

72. a*) $e^{3+4i} = e^3(\cos 4 + i \operatorname{sen} 4) = e^3 \cos 4 + i\, e^3 \operatorname{sen} 4.$

b*) $e^{3-4i} = e^3 \cos(-4) + i\, e^3 \operatorname{sen}(-4) = e^3 \cos 4 - i\, e^3 \operatorname{sen} 4.$

c*) $e^i = \cos 1 + i \operatorname{sen} 1$. d*) $e^{\frac{1}{1-i}} = e^{\frac{1+i}{2}} = e^{\frac{1}{2}} \cos\frac{1}{2} + i\, e^{\frac{1}{2}} \operatorname{sen}\frac{1}{2}.$

73. a*) $e^{i\pi} = e^0(\cos\pi + i \operatorname{sen}\pi) = -1.$

b*) $e^{-i\frac{\pi}{2}} = e^0\left[\cos\left(-\frac{\pi}{2}\right) + i \operatorname{sen}\left(-\frac{\pi}{2}\right)\right] = \cos\frac{\pi}{2} - i \operatorname{sen}\frac{\pi}{2} = -i.$

c*) $e^{i/2} = e^0\left(\cos\frac{1}{2} + i \operatorname{sen}\frac{1}{2}\right).$

74. a*) $e^z = e^{x+iy} = 1$, entonces $e^x(\cos y + i \operatorname{sen} y) = 1 + 0i$,

Igualando las partes real e imaginaria $\begin{cases} e^x \cos y = 1 \\ e^x \operatorname{sen} y = 0 \end{cases}$, que se satisfacen si $x = 0$, $y = 2k\pi$, $k = 0, \pm 1, \pm 2, \ldots$ y $z = 0 + i\, 2k\pi$.

b*) $e^z = e^{x+iy} = -4i$, entonces $e^x(\cos y + i \operatorname{sen} y) = 0 - 4i$, igualando parte real e imaginaria $\begin{cases} e^x \cos y = 0 \\ e^x \operatorname{sen} y = -4 \end{cases}$,

que se satisfacen si $\begin{cases} x = \ln 4 \\ y = -\frac{\pi}{2} + 2k\pi \end{cases}$, $k = 0, \pm 1, \pm 2, \ldots$ $\quad z = \ln 4 + i\left(-\frac{\pi}{2} + 2k\pi\right)$.

c*) $e^z = e^{x+iy} = e^x(\cos y + i \operatorname{sen} y) = 1 + i$, la igualdad de las partes real e imaginaria exige que $\begin{cases} e^x \cos y = 1 \\ e^x \operatorname{sen} y = 1 \end{cases}$, de donde $\frac{e^x \operatorname{sen} y}{e^x \cos y} = \tan y = 1$, o sea

$y = \frac{\pi}{4} \pm k\pi$, $k = 0, 1, 2, \ldots$. Si $y = \frac{\pi}{4}$, de $e^x \cos y = 1$ obtenemos $e^x \frac{\sqrt{2}}{2} = 1$,

y $x = \frac{1}{2} \ln 2$, y $z = \frac{1}{2} \ln 2 + i\left(\frac{\pi}{4} \pm k\pi\right)$.

d*) $e^{iz} = e^{-y+ix} = 1 + i = e^{-y}(\cos x + i \operatorname{sen} x)$, de donde $\begin{cases} e^{-y} \cos x = 1 \\ e^{-y} \operatorname{sen} x = 1 \end{cases}$, que implica $\tan x = 1$, o bien $x = \pm\frac{\pi}{4} \pm 2k\pi$, $k = 0, 1, 2, \ldots$, $y = 0$, y $z = \frac{\pi}{4} \pm k\pi + 0i$.

75. a*) $\cosh z = -2$, o bien $\frac{e^z + e^{-z}}{2} = -2$, de donde
$\frac{e^x}{2}(\cos y + i \operatorname{sen} y) + \frac{e^{-x}}{2}(\cos y + i \operatorname{sen} y) = -2$ que reordenamos como

$\cos y \frac{e^x + e^{-x}}{2} + i \operatorname{sen} y \frac{e^x - e^{-x}}{2} = -2$, que es $\cos y \cosh x + i \operatorname{sen} y \operatorname{senh} x = -2 + 0i$, de donde igualando las partes real e imaginaria se obtiene $\begin{cases} \cos y \cosh x = -2 \\ \operatorname{sen} y \operatorname{senh} x = 0 \end{cases}$, que se satisfacen si $\begin{cases} y = \pi \pm 2k\pi \\ x = \cosh^{-1} 2 \end{cases}$, $k = 0, 1, 2, \ldots$ y $z = \cosh^{-1} 2 + i\,(\pi \pm 2k\pi)$, tener presente que $\cosh x \geq 1$.

b*) $\cos z = 2$, o bien $\cos(x + iy) = \cos x \cos iy - \operatorname{sen} x \operatorname{sen} iy = 2 + 0i$

que es $\cos x \cosh y - i \operatorname{sen} x \operatorname{senh} y = 2 + 0i$, de donde $\begin{cases} \cos x \cosh y = 2 \\ \operatorname{sen} x \operatorname{senh} y = 0 \end{cases}$,

que quedan satisfechas si $\begin{cases} x = 0 \pm 2k\pi \\ y = \cosh^{-1} 2 \end{cases}$, $k = 0, 1, 2, \ldots$, y $z = \pm 2k\pi + i \cosh^{-1} 2$.

c*) $\cosh z = \frac{1}{2}$, o bien $\frac{e^z+e^{-z}}{2} = \frac{1}{2}$, que es $e^x \frac{\cos y + i \operatorname{sen} y}{2} + e^{-x} \frac{\cos y - i \operatorname{sen} y}{2} = \frac{1}{2} + 0i$ de donde obtenemos, $\cos y \frac{e^x+e^{-x}}{2} + i \operatorname{sen} y \frac{e^x-e^{-x}}{2} = \frac{1}{2} + 0i$ que reescribimos como $\cos y \cosh x + i \operatorname{sen} y \operatorname{senh} x = \frac{1}{2} + 0i$, que implica $\begin{cases} \cos y \cosh x = \frac{1}{2} \\ \operatorname{sen} y \operatorname{senh} x = 0 \end{cases}$, las que quedan satisfechas si $\begin{cases} x = 0 \\ y = \cos^{-1}\frac{1}{2} = \pm\frac{\pi}{3} \end{cases}$, $(\cosh x \geq 1)$, y $z = 0 \pm i\left(\pm\frac{\pi}{3} + 2k\pi\right)$, $k = 0, \pm 1, \pm 2, \ldots$.

d*) $\operatorname{senh} z = i$, o bien $\frac{e^z-e^{-z}}{2} = i$, o $\frac{e^x}{2}(\cos y + i \operatorname{sen} y) - \frac{e^{-x}}{2}(\cos y - i \operatorname{sen} y) = i$, que es $\cos y \frac{e^x-e^{-x}}{2} + i \operatorname{sen} y \frac{e^x+e^{-x}}{2} = i$, de donde $\begin{cases} \cos y \ \operatorname{senh} x = 0 \\ \operatorname{sen} y \cosh x = 1 \end{cases}$, que se satisfacen si $\begin{cases} x = 0 \\ y = \frac{\pi}{2} + 2k\pi \end{cases}$, $k = 0, \pm 1, \pm 2, \ldots$, y $z = i\left(\frac{\pi}{2} + 2k\pi\right)$.

e*) $\operatorname{sen} z = \cosh 4$, o bien $\operatorname{sen}(x + iy) = \cosh 4$, entonces

$\operatorname{sen} x \cos iy + \operatorname{sen} iy \cos x = \cosh 4 + 0i$ de donde igualando las partes real e imaginaria, $\begin{cases} \operatorname{sen} x \cos iy = \operatorname{sen} x \cosh y = \cosh 4 \\ \operatorname{sen} iy \cos x = i \operatorname{senh} y \cos x = 0i \end{cases}$, que se satisfacen si $\begin{cases} x = \frac{\pi}{2} + 2k\pi \\ y = 4 \end{cases}$, $k = 0, \pm 1, \pm 2, \ldots$, y $z = \left(\frac{\pi}{2} + 2k\pi\right) + 4i$.

76. a*) $\ln 1$, $\ln z = \ln\left[|z| e^{i(\theta + 2k\pi)}\right]$, entonces $\ln z = \ln\left[e^{i(0+2k\pi)}\right] = 0 + i\, 2k\pi$.

b*) $\ln(-1) = \ln z = \ln\left[|-1| e^{i(\pi+2k\pi)}\right] = 0 + i\,(\pi + 2k\pi) = i\,(2k+1)\pi$.

c) $\ln i = \ln\left(e^{i\pi}\right) = i\left(\frac{\pi}{2} + 2k\pi\right)$.

d*) $\ln(1 + i\sqrt{3}) = \ln\left[\left|1 + i\sqrt{3}\right| e^{i\left(\frac{\pi}{3} + 2k\pi\right)}\right] = \ln\sqrt{4} + i\left(\frac{\pi}{3} + 2k\pi\right)$.

77. a*) $e^z = e^{2+i}$, o bien $e^z = e^{2+i+i2k\pi}$, tomando logaritmo a ambos miembros, $z \ln e = (2 + i + i2k\pi) \ln e$, o bien, $z = 2 + i(2k\pi + 1)$.

b*) $(e^z - 1)^2 = e^{2z}$, o bien $e^{2z} - 2e^z + 1 = e^{2z}$, entonces $2e^z = 1$, y tomando logaritmos, $\ln 2 + z = \ln 1 = i2k\pi$ y $z = -\ln 2 + i2k\pi$.

c*) $e^{e^z} = 1$, tomando logaritmos, $e^z \ln e = \ln 1 = i2k\pi$, o sea $e^z \ln e = i2k\pi$, y tomando logaritmos nuevamente, $z \ln e = \ln(i2k\pi)$ y $z = \ln|i2k\pi| + i\left|\frac{\pi}{2} + 2m\pi\right|$, $m = 0, 1, 2, \dots$

78. a*) $i^i = e^{\ln i^i} = e^{i \ln i} = e^{i\left(\ln 1 + i\frac{\pi}{2} + i2k\pi\right)}$, o sea $i^i = e^{-\left(\frac{\pi}{2}+2k\pi\right)}$.

b*) $2^{1+i} = e^{\ln 2^{1+i}} = e^{(1+i)\ln 2} = e^{(1+i)(\ln|2| + i2k\pi)}$.

c*) $(\sqrt{3} + i)^{1+i} = e^{(1+i)\ln(\sqrt{3}+i)} = e^{(1+i)\left[\ln 4 + i\left(\frac{\pi}{6} + 2k\pi\right)\right]}$.

d*) $2^{\pi} = e^{\pi \ln 2} = e^{\pi(\ln|2| + i2k\pi)}$, o bien $2^{\pi} = e^{\pi \ln 2} e^{i2k\pi^2}$.

79. a*) $\cos w = 2$, o sea $\frac{e^{iw} + e^{-iw}}{2} = 2$ de donde $e^{iw} + e^{-iw} - 4 = 0$, que multiplicada por e^{iw} da $e^{2iw} - 4e^{-iw} + 1 = 0$, y resolvemos para e^{2iw} aplicando $\frac{-b \pm \sqrt{b^2 - 4ac}}{2a}$. $e^{2iw} = 2 \pm \sqrt{3}$, de donde $2iw = \ln\left(2 + \sqrt{3}\right)$ y $w = \frac{-i}{2} \ln\left(2 + \sqrt{3}\right)$.

b*) $\cosh w = i$, o sea $\frac{e^{w} + e^{-w}}{2} = i$, que reordenamos como $e^{w} + e^{-w} - 2i = 0$ y multiplicando por e^{w}, se obtiene $e^{2w} - 2ie^{w} + 1 = 0$, que resuelta para e^{2w} es, $e^{2w} = i \pm \sqrt{-2}$, $2w = \ln\left(i \pm \sqrt{-2}\right)$ y $w = \frac{1}{2}\ln\left(i \pm \sqrt{-2}\right)$.

Transformaciones mediante funciones elementales

80*. La solución se obtiene fácilmente, girando $\frac{\pi}{2}$ la región a transformar, que en este caso es la franja $-1 < x < 1$. en tanto que la multiplicación por i implica una rotación de $\frac{\pi}{2}$, ya que si $z = \rho e^{i\theta}$, $w = zi = \rho e^{i\theta} e^{i\frac{\pi}{2}} = \rho e^{i\left(\theta + \frac{\pi}{2}\right)}$. También notamos que:

$w = i(x + iy) = ix - y$ donde $\begin{cases} u = -y \\ v = x \end{cases}$ con $-1 < x < 1$ y $-\infty < y < \infty$, entonces $w = iz$, cambia la recta $x = -1$ en la recta $v = -1$ y la recta $v = 1$, en la recta $v = 1$, figura 80.

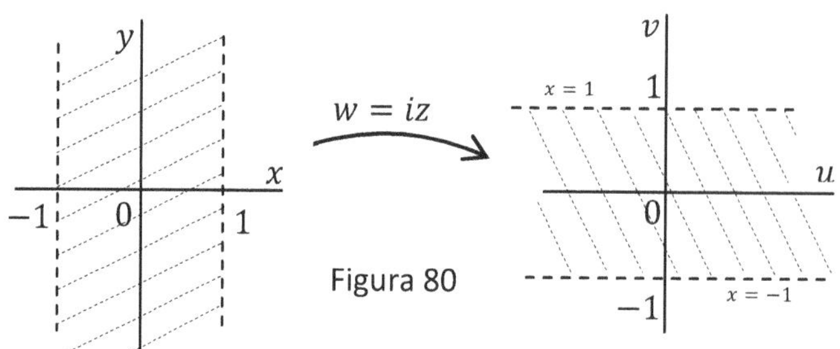

Figura 80

81*. Observamos que $w = iz + i$, implica como en el caso anterior, una rotación $\frac{\pi}{2}$, que proviene de multiplicar iz, con una transformación intermedia $h = \bar{u} + i\bar{v}$, seguida de un desplazamiento unitario en el sentido positivo del eje y, que proviene de sumar la unidad imaginaria i.

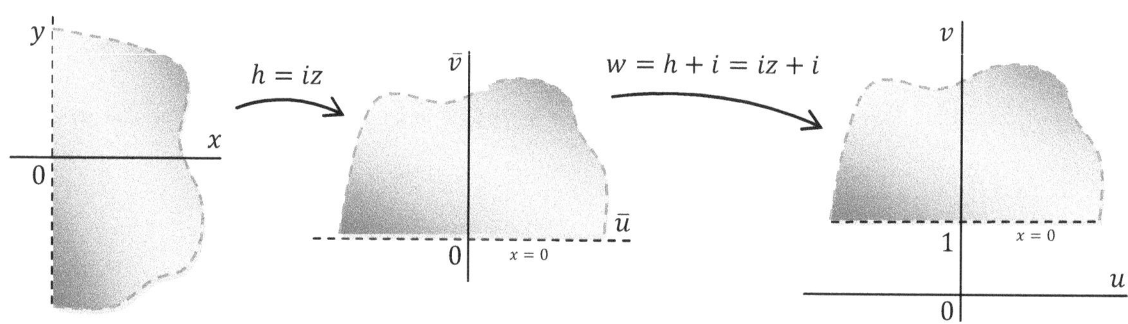

Figura 81

Por otra parte, $w = i(x + iy) + i = i(x + 1) - y$, de donde $\begin{cases} u = -y \\ v = x + 1 \end{cases}$, y la frontera que nos interesa transformar, es el eje imaginario $x = 0$, con $0 < x < \infty$, entonces la recta y, se transforma con $\begin{cases} u = -y \\ v = x + 1 \end{cases}$ en $y = -u$ y $-\infty < u < \infty$, a la vez que es $v = x + 1 = 1$, y la recta $x = 0$ se transforma en $v = 1$, figura 81.

82*. La transformación es $w = (1 - i)z = (1 - i)(x + iy) = x + y + i(y - x)$, de donde $\begin{cases} u = x + y \\ v = y - x \end{cases}$, por lo tanto la frontera $y = 0$, se transforma en $\begin{cases} u = x \\ v = -x \end{cases}$, y eliminando x entre u y v, se tiene $v = -u$, figura 82.

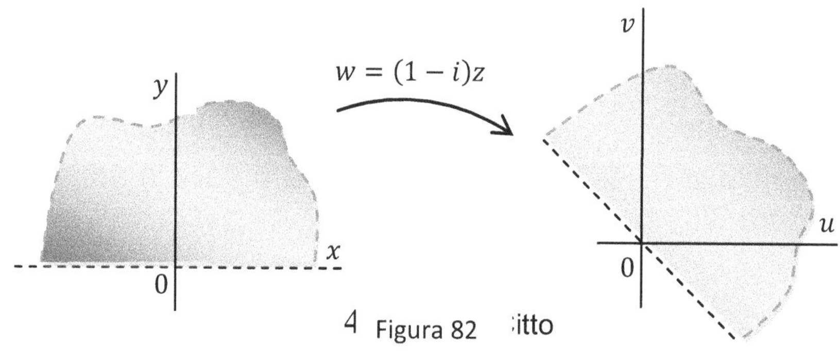

Figura 82

83. a*) $w = iz + 1 = 1 - y + ix$, de donde $\begin{cases} u = 1 - y \\ v = x \end{cases}$, entonces la recta real, $y = 0$, se transforma en $\begin{cases} u = 1 \\ v = x \end{cases}$, con $0 < x < \infty$, la recta $y = 2$ se transforma en $\begin{cases} u = -1 \\ v = x \end{cases}$, $0 < x < \infty$, los puntos descriptos por $x = 0$, se transforman en $v = 0$. De hecho w es una rotación de $\frac{\pi}{2}$, seguida de un desplazamiento hacia la derecha al sumar 1, figura 83 a.

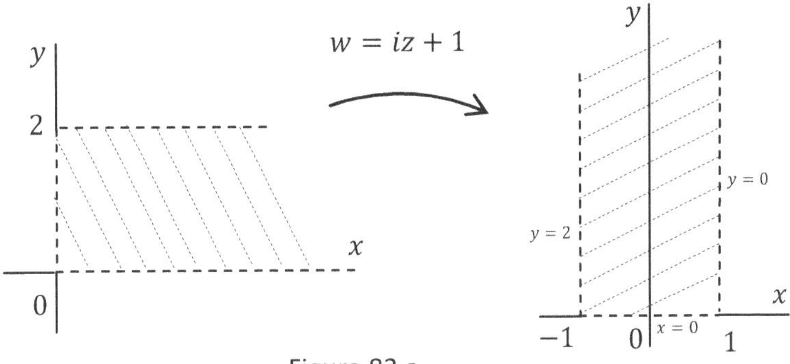

Figura 83 a

b*) $w = \frac{1}{z}$, transforma círculos en círculos, entre los planos $x - y$ y $u - v$, con $\begin{cases} A(x^2 + y^2) + Bx + Cy + D = 0 \\ D(u^2 + v^2) + Bu - Cv + A = 0 \end{cases}$, entonces las rectas $y = 0$, $x = 0$ e $y = 2$, que delimitan la región a transformar, se transforman como: La recta $y = 0$, tiene en la ecuación $A(x^2 + y^2) + Bx + Cy + D = 0$ $\begin{cases} A = 0 \\ B = 0 \\ C = 1 \\ D = 0 \end{cases}$, y se transforma en el plano $u - v$ con la ecuación $D(u^2 + v^2) + Bu - Cv + A = 0$ como $-Cv = 0$, o $v = 0$, que contiene las imágenes de los puntos fijos de la transformación, -1 y 1, ya que $w(\pm 1) = 1$.

La recta $x = 0$, tiene en la ecuación $A(x^2 + y^2) + Bx + Cy + D = 0$ $\begin{cases} A = 0 \\ B = 1 \\ C = 0 \\ D = 0 \end{cases}$, y se transforma en el plano $u - v$ con la ecuación $D(u^2 + v^2) + Bu - Cv + A = 0$ como $Bu = 0$, o $u = 0$.

Finalmente, La recta $y = 2$, o bien $y - 2 = 0$, tiene en la ecuación

$A(x^2+y^2)+Bx+Cy+D=0$ $\begin{cases} A=0 \\ B=0 \\ C=1 \\ D=-2 \end{cases}$, y se transforma en el plano $u-v$ con la ecuación $D(u^2+v^2)+Bu-Cv+A=0$ como $-2(u^2+v^2)-v=0$ o bien $(u^2+v^2)+\frac{1}{2}v=0$, y completando cuadrados, $u^2+\left(v+\frac{1}{4}\right)^2-\left(\frac{1}{4}\right)^2=0$, que es una circunferencia de radio $\frac{1}{4}$ con centro en $w=-i\frac{1}{4}$, figura 83 b.

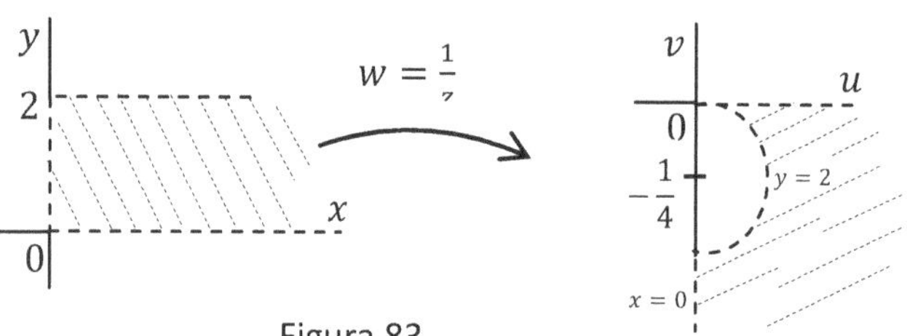

Figura 83

84*. La región a transformar tiene como frontera el eje real y la recta $y=\frac{1}{2}$. El eje real, que como vimos se transforma sobre si mismo, o bien en $v=0$, y la recta $y=\frac{1}{2}$, o bien $y-\frac{1}{2}=0$, que tiene en la ecuación $A(x^2+y^2)+Bx+Cy+D=0$ $\begin{cases} A=0 \\ B=0 \\ C=1 \\ D=-\frac{1}{2} \end{cases}$, y se transforma en el plano $u-v$ con la ecuación

$D(u^2+v^2)+Bu-Cv+A=0$ como $-\frac{1}{2}(u^2+v^2)-v=0$ o bien $(u^2+v^2)+2v=0$, y completando cuadrados, $u^2+(v+1)^2-1=0$, que es una circunferencia de radio 1 con centro en $w=0-i$, observemos que el punto $\frac{1}{2}i$ del plano $x-y$, se transforma en el punto $-2i$ del plano $u-v$, y los extremos de la recta $y=\frac{1}{2}$, se transforman en el punto 0, ya que se define $w(\pm\infty)=0$, figura 84.

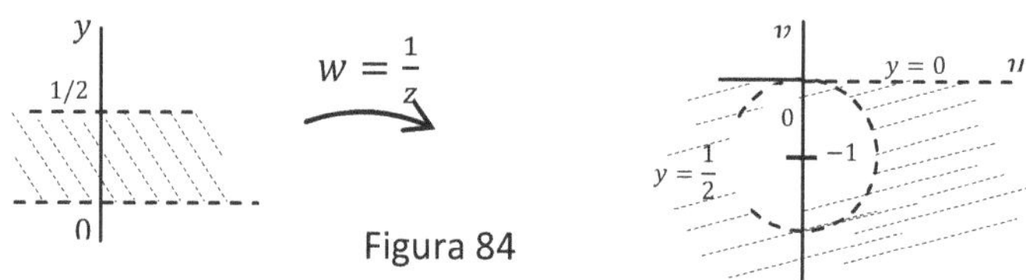

Figura 84

85*. la región está delimitada por las rectas $y=0$ y $x=1$. La ecuación $y=0$, tiene en $A(x^2+y^2)+Bx+Cy+D=0$ $\begin{cases} A=B=D=0 \\ C=1 \end{cases}$ y con $w=\frac{1}{z}$ se transforma en $D(u^2+v^2)+Bu-Cv+A=0$ como $-v=0$, o lo que es lo mismo, $v=0$, el eje real en el plano $u-v$, mientras que la recta $x=1$, o bien $x-1=0$, tiene $\begin{cases} A=C=0 \\ B=1, D=-1 \end{cases}$ en el plano $x-y$ y se transforma con $w=1/z$ en el plano $u-v$, como $-(u^2+v^2)+u=0$, o bien $(u^2+v^2)-u=0$, que completando cuadrados es $\left(u-\frac{1}{2}\right)^2+v^2-\frac{1}{4}=0$, que es una circunferencia de radio $\frac{1}{2}$, con centro en $\left(\frac{1}{2},0\right)$, figura 85. Notar que el punto $(1,0)$ es fijo, y el punto $(1,\infty)$ se transforma en el punto $(0,0)$ de la misma forma que el punto $(\infty,0)$.

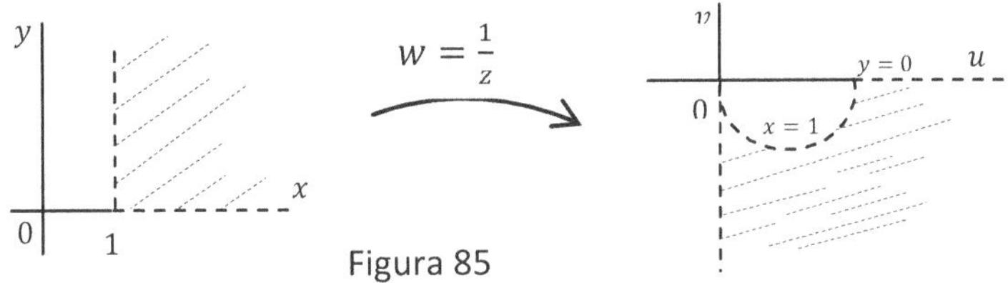

Figura 85

86*. El sector $r<1$, $0<\theta<\frac{\pi}{4}$, con las transformaciones; $w=z^2=\left(\rho^{i\theta}\right)^2$, $w=z^3=\left(\rho^{i\theta}\right)^3$. $w=z^4=\left(\rho^{i\theta}\right)^4$, se transforma como un sector de círculo que mantiene constante el radio, y duplica, triplica y cuadruplica su ángulo original, figuras 86, 86 a, 86 b y 86 c.

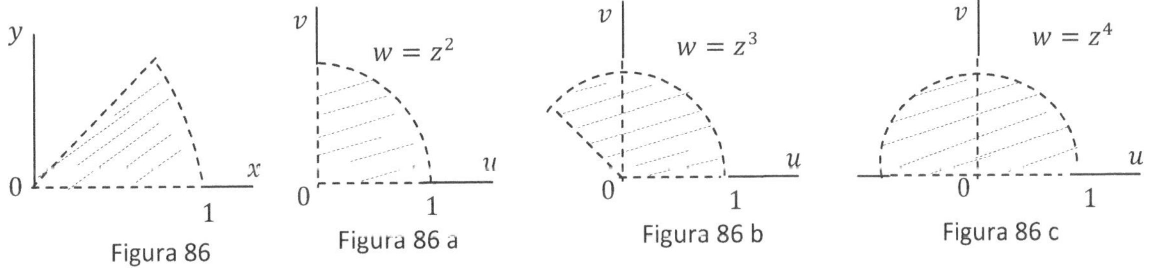

Figura 86 Figura 86 a Figura 86 b Figura 86 c

87*. La transformación de la recta $y=mx$, $m>0$, con $w=e^z$, es $w=e^{i(x+mx)}$, que envía el punto $x=0$ en $u=1$, y siendo $|w|=e^x$, $|w|$ crece y decrece con x, aproximándose a $w=0$ cuando x tiende a $-\infty$. A su vez el argumento de w crece como mx cuando crece x, por lo que la curva $y=mx$, se transforma en una espiral que se aparta de $w=0$ o converge a $w=0$, según que crezca o decrezca x, figura 87.

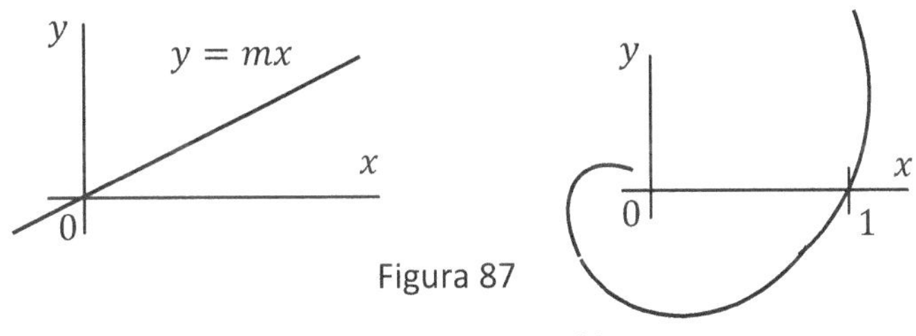

Figura 87

88*. Buscamos transformar la franja infinita $x \geq 0,\ 0 \leq y \leq \pi$, con $w = e^z$. Esta aplicación, transforma el semieje real positivo, como $w = e^x$, con $x \geq 0$ sobre el eje u, desde valores $u \geq 1$, El segmento del eje imaginario tal que $0 \leq y \leq \pi$, se transforma en el arco de semicircunferencia $w = e^{0+iy}$. La semirrecta $y = \pi$, se transforma en la semirrecta $w = e^{x+i\pi}$, con $x \geq 0$, figura 88.

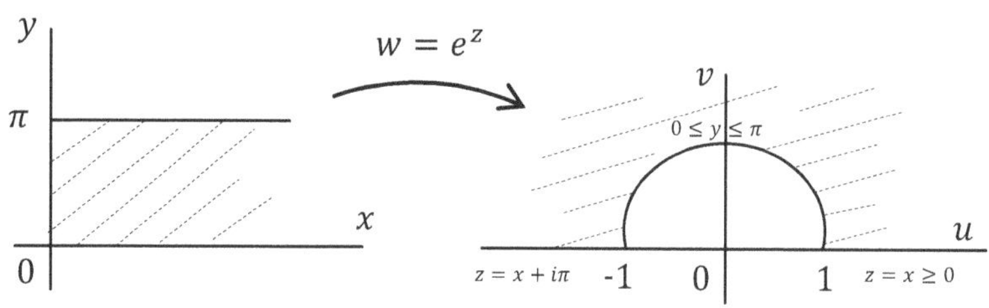

Figura 88

89*. Aplicando a cada uno de los tres puntos $\{z_1 = 2, z_2 = i, z_3 = -2\}$, que se transforman en $\{w_1 = 1, w_2 = i, w_3 = -1\}$, la transformación $w(z_i) = \frac{az_i+b}{cz_i+d}$, obtenemos tres ecuaciones con cuatro incógnitas, y resolvemos el sistema en términos de una de ellas:

$w_1 = \frac{2a+b}{2c+d} = 1,\ w_2 = \frac{ia+b}{ic+d} = i,\ w_3 = \frac{-2a+b}{-2c+d} = -1$, de donde obtenemos

$\begin{cases} 2a + b - 2c + d = 0 \\ ia + b + c - id = 0 \\ -2a + b - 2c + d = 0 \end{cases}$, restando de la primera la tercera ecuación, obtenemos $d = 2a$, que remplazado en la tercera da $b = 2c$, y con la segunda obtenemos $c = \frac{i}{3}a$, que reemplazados en $b = 2c$ da $b = \frac{2ia}{3}$, entonces, $w = \frac{az+\frac{2ia}{3}}{\frac{ia}{3}z+2a} = \frac{3az+2ia}{iaz+6a}$ y finalmente $w = \frac{3z+2i}{iz+6}$.

90. $w = \frac{z-1}{iz+i}$.

91*. Siendo $z_1 = \infty$, y $w(z_1) = 0$, $\lim_{z\to\infty} w(z) = \lim_{z\to\infty} \frac{az+b}{cz+d} = 0$, entonces $\frac{a}{c} = 0$, de donde $a = 0$, y $w = \frac{b}{cz+d}$, a continuación observamos que $w(0) = \infty$, entonces $\lim_{z\to 0} w(z) = \lim_{z\to 0} \frac{b}{cz+d} = \infty$, y debe por lo tanto ser $d = 0$. Entonces con el segundo punto a transformar, $w(i) = i$, y los valores encontrados $a = d = 0$, $w(i) = \frac{b}{ci} = i$, concluimos que $b = -c$, o sea $w = \frac{b}{cz}$ y finalmente $w = -\frac{1}{z}$.

92. a*) los puntos fijos $w(z) = z$, son aquellos en que se verifica $z = \frac{az+b}{cz+d}$, de donde los puntos fijos de $w = \frac{z-1}{z+1}$, se obtienen de resolver $z = \frac{z-1}{z+1}$ o lo que es lo mismo $z^2 + 1 = 0$; $z = \pm i$.

b*) Si $w(z) = z$, entonces en $w = \frac{6z-9}{z}$ se tiene $z = \frac{6z-9}{z}$, de donde $z^2 - 6z + 9 = 0$, y resolviendo para z, obtenemos el único punto fijo, $z = 3$.

93*. Buscamos la antiimagen de la región delimitada con; $u = 1$, $u = 2$, $v = 1$, $v = 2$. Si $w = z^2 = x^2 - y^2 + i2xy$, se tiene $\begin{cases} u = x^2 - y^2 \\ v = 2xy \end{cases}$. Entonces cuando v es fija sobre las rectas $v = \begin{cases} 1 \\ 2 \end{cases}$, se obtienen respectivamente $\begin{cases} 2xy = 1 \\ 2xy = 2 \end{cases}$, que son las curvas $y(x) = \begin{cases} \frac{1}{2x} \\ \frac{1}{x} \end{cases}$, figura 93. En cambio cuando u es fija sobre las rectas $u = \begin{cases} 1 \\ 2 \end{cases}$, se obtienen $\begin{cases} x^2 - y^2 = 1 \\ x^2 - y^2 = 2 \end{cases}$, que son las curvas $y(x) = \begin{cases} \pm\sqrt{x^2 - 1} \\ \pm\sqrt{x^2 - 2} \end{cases}$, figura 93.

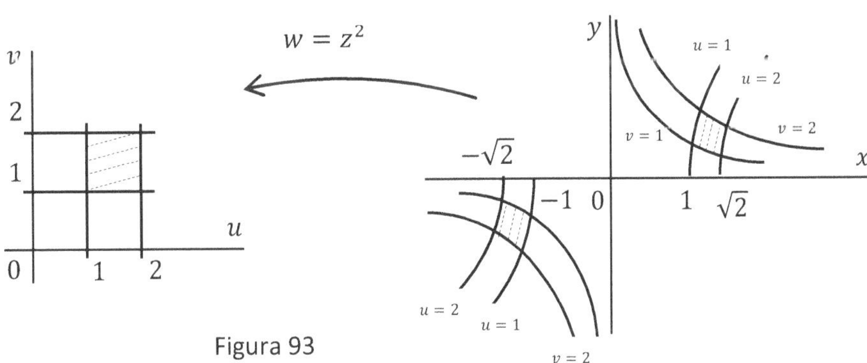

Figura 93

94*. Buscamos la antiimagen de la región delimitada con; $u = 0$, $u = 1$, $v = 0$, $v = 1$. Si $w = z^2 = x^2 - y^2 + i2xy$, se tiene $\begin{cases} u = x^2 - y^2 \\ v = 2xy \end{cases}$. Entonces cuando v es fija sobre las rectas $v = \begin{cases} 0 \\ 1 \end{cases}$, se obtienen respectivamente

$\begin{cases}2xy = 0\\2xy = 2\end{cases}$, que son las curvas $y(x) = \begin{cases}y = 0, \ x = 0\\y = \frac{1}{x}\end{cases}$, figura 94. En cambio cuando u es fija sobre las rectas $u = \begin{cases}0\\1\end{cases}$, se obtienen $\begin{cases}x^2 - y^2 = 0\\x^2 - y^2 = 1\end{cases}$, que son las curvas $y(x) = \begin{cases}y = \pm x\\\pm\sqrt{x^2 - 1}\end{cases}$, figura 94.

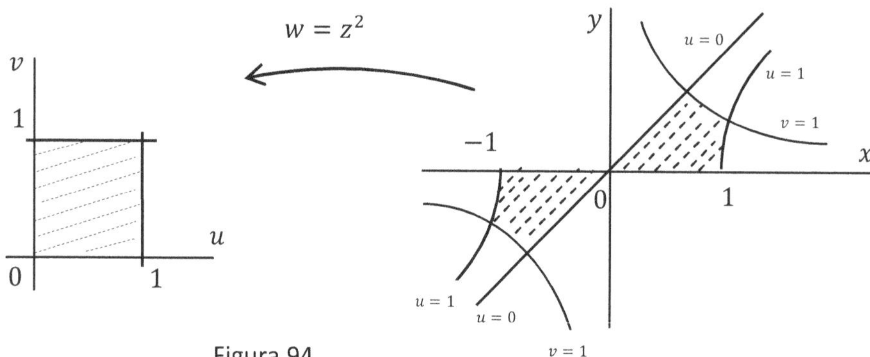

Figura 94

95*. Nuevamente, tenemos una región que es la imagen por $w = z^2$ y que está delimitada por las rectas $u = 1$, $v = 0$, $v = u$. Buscamos su antiimagen sabiendo que $w = z^2 = x^2 - y^2 + i2xy$, y se tiene $\begin{cases}u = x^2 - y^2\\v = 2xy\end{cases}$. Entonces cuando v es fija sobre la recta $v = 0$, se obtiene $v = 2xy = 0$, que son las curvas $y = 0$, y $x = 0$, o sea los ejes coordenados, figura 95. En cambio cuando u es fija sobre la recta $u = 1$, se obtiene $u = x^2 - y^2 = 1$, que es las curvas $y(x) = \pm\sqrt{x^2 - 1}$, figura 95. Queda por determinar la antitransformación de la recta $v = u$, y siendo para la transformación $w = z^2$, $\begin{cases}u = x^2 - y^2\\v = 2xy\end{cases}$, con $v = u$, se tendrá $2xy = x^2 - y^2$, o bien $y^2 + 2xy - x^2 = 0$ que resuelta para y da $y = \frac{-2x \pm \sqrt{4x^2 + 4x^2}}{2} = \left(-1 \pm \sqrt{2}\right)x$, figura 95.

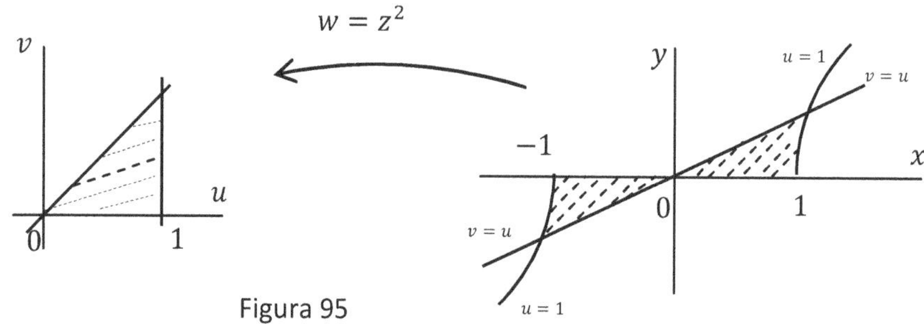

Figura 95

Integración en el campo complejo

96*. $\int_{(0,1)}^{(1,0)} xy\,dx$ sobre $y = 1 - x^2$, es $\int_{x=0}^{x=1} xy(x)\,dx$, o bien

$\int_0^1 x(1-x^2)\,dx = \frac{1}{4}$ figura 96.

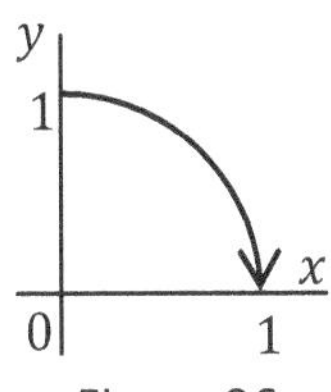

Figura 96

97*. Sobre $c : y = x^2$ con $F(x,y) = x + y + 1$, de $(0,0)$ a $(1,1)$

es $\int_c F(x,y)\,dx = \int_{x=0}^{x=1} [x + y(x) + 1]\,dx = \int_0^1 [x + x^2 + 1]\,dx = \frac{11}{6}$, figura 97.

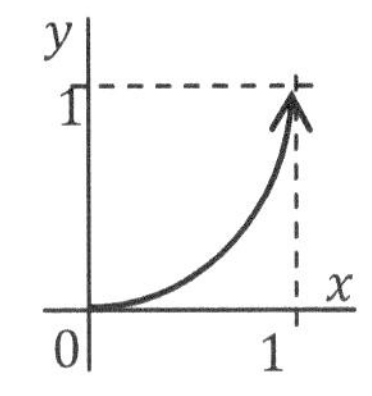

Figura 97

98*. $\int_c F(x,y)\,dy = \int_{y=0}^{y=1} [x(y) + y + 1]\,dy = \int_0^1 \left(y^{\frac{1}{2}} + y + 1\right) dy = \frac{13}{6}$

99*. $\int_c F(x,y)\,dx = \int_{x=0}^{x=1} x^2 y(x)\,dx = \int_0^1 x^2\sqrt{1-x^2}\,dx$, con $\begin{cases} x = \cos\theta \\ y = \operatorname{sen}\theta \\ dx = -\operatorname{sen}\theta\, d\theta \end{cases}$

y los límites $\begin{cases} \theta = \frac{\pi}{2}, si\ x = 0 \\ \theta = 0, si\ x = 1 \end{cases}$, se tiene $\int_c F(x,y)\,dx = \int_{\frac{\pi}{2}}^{0} -\cos^2\theta\ \operatorname{sen}^2 d\theta = \frac{\pi}{16}$.

100*. $\int_c F(x,y)\,dy = \int_1^0 [x(y)]^2 y\,dy = \int_1^0 (1-y^2)y\,dy = -\frac{1}{4}$.

101*. Con x como parámetro;

$\int_c F(x,y)\,ds = \int_0^1 x^2 y(x)\frac{ds}{dx}dx$ $\begin{cases} y = \sqrt{1-x^2} \\ y' = \frac{-x}{\sqrt{1-x^2}} \\ ds = \sqrt{1+(y')^2}dx \end{cases}$, y se tiene

$\int_c F(x,y)\,ds = \int_0^1 x^2\sqrt{1-x^2}\sqrt{1+(y')^2}dx = \int_0^1 x^2\,dx = \frac{1}{3}$.

Usando y como parámetro;

$\int_c F(x,y)\,ds = \int_1^0 x(y)^2 y(x)\frac{ds}{dy}dy$, y es $\begin{cases} x = \sqrt{1-y^2} \\ x' = \frac{-y}{\sqrt{1-y^2}} \\ ds = \sqrt{1+(x')^2}dy \end{cases}$.

102*. $\int_0^{1+i}(z^2+1)\,dz = \int_0^{1+i} z^2\,dz + \int_0^{1+i} dz$, con $\begin{cases} z^2 = x^2 - y^2 + 2ixy \\ dz = dx + idy \\ y = x^2, dy = 2xdx \end{cases}$

$\int_0^{1+i}(z^2+1)\,dz = \int_0^1 (x^2 - x^4 + i2x^3)\,(dx + i2xdx) + \int_0^1 (dx + i2xdx) = \frac{1}{3} + i\frac{5}{3}$

103. a*) Si $\begin{cases} \bar{z} = x - iy \\ y = 1 - x, \;\; dy = -dx, \\ dz = dx + idy \end{cases}$ $\int_i^1 \bar{z}\,dz = \int_i^1 [x - i(1-x)]\,(dx - idx) = -i.$

b*) Si $y = (1-x)^2$ $\begin{cases} \bar{z} = x - iy = x - (1-x)^2 \\ dy = 2(x-1)dx \\ dz = dx + idy = dx + i2(x-1)dx \end{cases}$, entonces

$\int_i^1 \bar{z}\,dz = \int_i^1 [x - i(1-x)^2]\,[dx + i2(x-1)dx] = \frac{i}{6}$, figura 103 b.

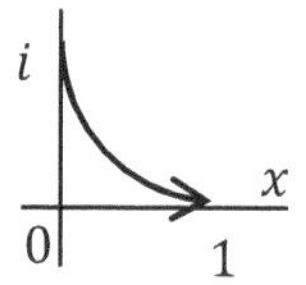

Figura 103 b

c*) Si $y = 1 - x^2$, $dy = -2xdx$, y $dz = dx - i2xdx$ entonces

$\int_i^1 \bar{z}\,dz = \int_0^1 [x - i(1-x^2)]\,(dx - i2xdx) = -\frac{4}{3}i$, figura 103 c.

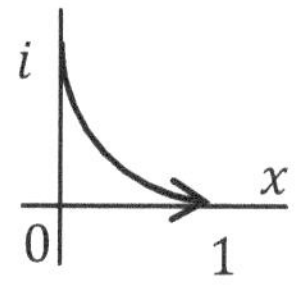

Figura 103 c

d*) De $x^2 + y^2 = 1$, obtenemos $y = \sqrt{1-x^2}$, $dy = \frac{-x}{\sqrt{1-x^2}}dx$ y

$\int_i^1 \bar{z}\,dz = \int_0^1 2x\,dx + i\int_0^1 x\frac{-x}{\sqrt{1-x^2}}dx - \int_0^1 \sqrt{1-x^2}\,dx = 1 - i\frac{\pi}{2}.$

104. a*) $\int_0^1 e^z\,dz = \int_0^1 e^{x+iy}\,(dx + idy)$, sobre $y = 0$, figura 104 a,

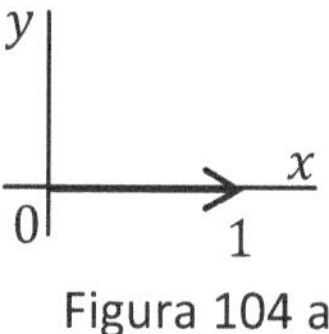

Figura 104 a

es $z = x$, $dz = dx$, de donde $\int_0^1 e^z\, dz = \int_0^1 e^x\, dx = e - 1$.

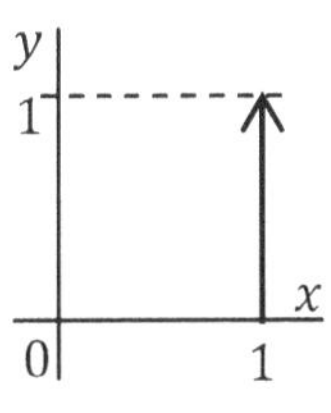

Figura 104 b

b*) Sobre $x = 1$, $z = 1 + iy$, $dz = idy$, figura 104 b.

y $\int_1^{1+i} e^z\, dz = \int_0^1 e^{1+iy}\, idy = e\int_0^1 ie^{iy}\, dy = e\left(e^i - 1\right)$

c*) Sobre $y = x$, $z = x + ix = (1+i)x$, $dz = (1+i)dx$

y $\int_0^{1+i} e^z\, dz = \int_0^1 e^{(1+i)x}\,(1+i)dx = e^{1+i} - 1$, figura 104 c.

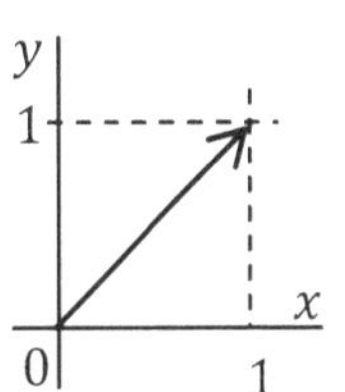

Figura 104 c

105*. $\int_0^{1+i} (z^2 + 1)\, dz = \frac{z^3}{3} + z\Big|_0^{1+i} = \frac{1}{3} + i\,\frac{5}{3}$.

106*. $\int_0^{1+i} e^z\, dz = e^z|_0^{1+i} = e^{1+i} - 1$.

107. a*) Sobre la semicircunferencia $z = 2e^{i\theta}$, con $-\pi \le \theta \le 0$, $dz = 2ie^{i\theta}d\theta$:

$\int \frac{z+2}{z} dz = \int_{-\pi}^{0} \frac{2+2e^{i\theta}}{2e^{i\theta}} 2e^{i\theta} d\theta =$

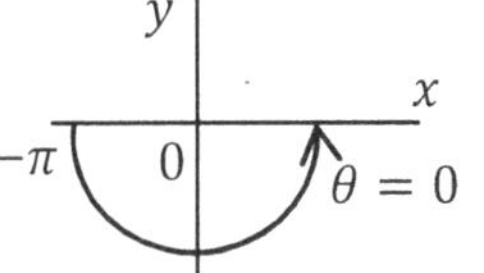

Figura 107 a

$= 2i\int_{-\pi}^{0}\left(1 + e^{i\theta}\right) d\theta = 2i\theta|_{-\pi}^{0} + 2e^{i\theta}\Big|_{-\pi}^{0} = 2\pi i + 4$, figura 107 a.

b*) En la semicircunferencia $z = 2e^{i\theta}$, con $0 \le \theta \le \pi$,

$z = 2e^{i\theta}$, con $-\pi \le \theta \le 0$, $dz = 2ie^{i\theta}d\theta$:

$\int \frac{z+2}{z} dz = \int_0^{\pi} \frac{2+2e^{i\theta}}{2e^{i\theta}} 2e^{i\theta} d\theta = 2\pi i - 4$, figura 107 b.

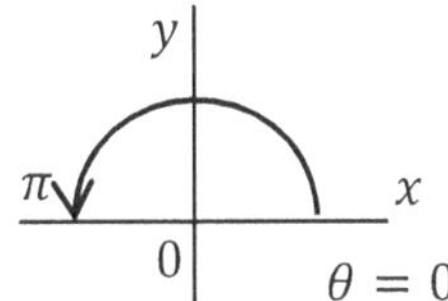

Figura 107 b

c*) En la semicircunferencia $z = 2e^{i\theta}$, con $-\frac{\pi}{2} \le \theta \le \frac{\pi}{2}$, $z = 2e^{i\theta}$, con $-\pi \le \theta \le 0$, $dz = 2ie^{i\theta}d\theta$:

$\int \frac{z+2}{z} dz = \int_{-\frac{\pi}{2}}^{\frac{\pi}{2}} \frac{2+2e^{i\theta}}{2e^{i\theta}} 2e^{i\theta} d\theta = 2\pi i + 4i$, figura 107 c.

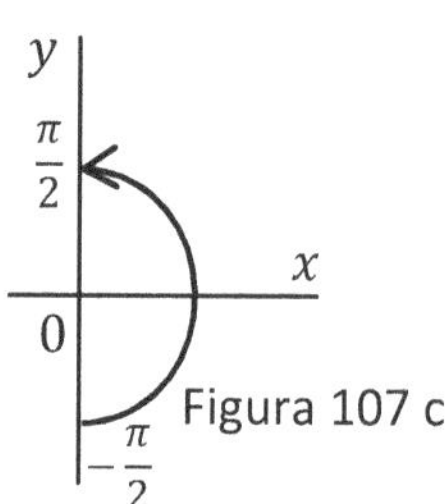

Figura 107 c

108. a*) Sobre la semicircunferencia $z - 1 = e^{i\theta}$,

con $-\pi \leq \theta \leq 0$, $z = 1 + e^{i\theta}$ y $dz = ie^{i\theta} d\theta$, $\int (z-1)\, dz = \int_{-\pi}^{0} e^{i\theta} ie^{i\theta}\, d\theta = 0$, figura 108 a.

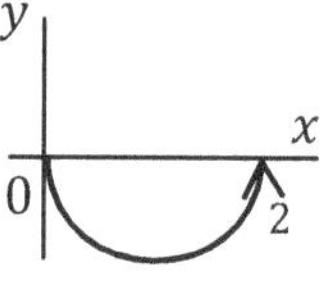

Figura 108 a

b*) En el segmento de recta $y = 0$, con $0 \leq x \leq 2$, $z = x$, $dz = dx$

y $\int (z-1)\, dz = \int_0^2 (x-1)\, dx = \frac{x^2}{2} - x \Big|_0^2 = 0$, figura 108 b.

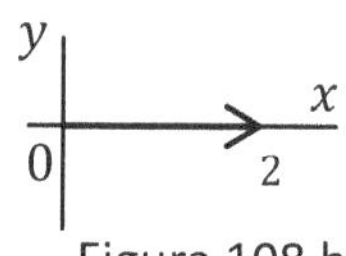

Figura 108 b

Fórmulas integrales de Cauchy

Usamos la representación integral de Cauchy para la función y sus derivadas

$f^N(z_0) = \frac{n!}{2\pi i} \oint_c \frac{f(z)}{(z-z_0)^{n+1}} dz$ o bien $\oint_\gamma \frac{f(z)}{(z-z_0)^{n+1}} dz = \frac{2\pi i}{n!} f^N(z_0)$

109*. $\oint_\gamma \frac{z}{z-1} dz$. Dentro de la curva $\gamma: |z| = 2$, se encuentra el único punto $z_0 = 1$, tal que $z - z_0 = 0$, y $f(z) = z$ en este caso, es analítica dentro y sobre γ, figura 109. Corresponde entonces para $\begin{cases} n = 0 \\ f(z) = z \\ z_0 = 1,\ f(z_0) = 1 \end{cases}$, usar la fórmula $\oint_\gamma \frac{f(z)}{(z-1)^{0+1}} dz = \frac{2\pi i}{0!} f^0(z_0)$, o bien

$$\oint_\gamma \frac{f(z)}{z-1}dz = 2\pi i f(1) = 2\pi i.$$

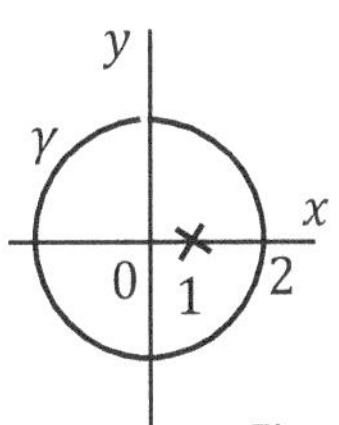

Figura 109

110*. Tenemos el caso en que el numerador del integrando, es una función analítica dentro y sobre el contorno de integración γ, y el denominador que es de la forma $(z-1)(z-i)$, se anula en dos puntos dentro del contorno. Descomponemos entonces la curva γ en dos curvas γ_1 y γ_2 que aíslan los puntos respectivamente los puntos 1 y i, como se muestra en la figura 110. Entonces escribimos

$\oint_\gamma \frac{\operatorname{sen} z}{(z-1)(z-i)}dz = \oint_{\gamma_1} \frac{\operatorname{sen} z}{(z-1)(z-i)}dz + \oint_{\gamma_2} \frac{\operatorname{sen} z}{(z-1)(z-i)}dz$ y reescribiendo el integrando como

$\frac{\operatorname{sen} z}{(z-1)(z-i)} = \frac{\frac{\operatorname{sen} z}{z-i}}{z-1} = \frac{\frac{\operatorname{sen} z}{z-1}}{z-i}$, podemos poner $\oint_\gamma \frac{\operatorname{sen} z}{(z-1)(z-i)}dz = \oint_{\gamma_1} \frac{\frac{\operatorname{sen} z}{z-i}}{z-1}dz + \oint_{\gamma_2} \frac{\frac{\operatorname{sen} z}{z-1}}{z-i}dz$,

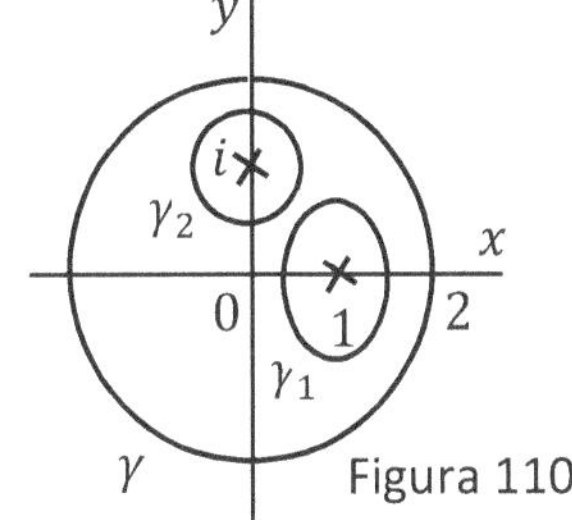

Figura 110

y aplicando el procedimiento de 109,

considerando en $\gamma_1 \begin{cases} f(z) = \frac{\operatorname{sen} z}{z-i} \\ z_0 = 1 \end{cases}$ y en $\gamma_2 \begin{cases} f(z) = \frac{\operatorname{sen} z}{z-1}, \\ z_0 = i \end{cases}$ resolvemos $\begin{cases} \oint_{\gamma_1} \frac{\frac{\operatorname{sen} z}{z-i}}{z-1}dz = 2\pi i \frac{\operatorname{sen} 1}{1-i} \\ \oint_{\gamma_2} \frac{\frac{\operatorname{sen} z}{z-1}}{z-i}dz = 2\pi i \frac{\operatorname{sen} i}{i-1} \end{cases}$, y finalmente $\oint_\gamma \frac{\operatorname{sen} z}{(z-1)(z-i)}dz = \frac{2\pi i}{1-i}(\operatorname{sen} 1 - i \operatorname{senh} 1)$.

111. $\oint_\gamma \frac{1}{e^z(z-1)}dz = \oint_\gamma \frac{e^{-z}}{z-1}dz = \frac{2\pi i}{e}$.

112*. $\oint_\gamma \frac{\cosh z}{z^2-z-2}dz = \oint_{\gamma_1} \frac{\frac{\cosh z}{z+1}}{z-2}dz + \oint_{\gamma_2} \frac{\frac{\cosh z}{z-2}}{z+1}dz = 2\pi i\left(\frac{\cosh 2}{3} + \frac{\cosh 1}{-3}\right)$.

113*. Expresamos $\oint_\gamma \frac{z-1}{z(2z^2-18)}dz = \oint_\gamma \frac{z-1}{2z(z+3)(z-3)}dz$ y vemos que dentro de la curva γ: $|z-2|=3$, solo hay dos ceros del denominador, $z=0$ y $z=3$, $z=-3$ queda fuera de γ: $|z-2|=3$, figura 113. Reescribimos entonces

$$\oint_\gamma \frac{z-1}{z(2z^2-18)}dz = \oint_{\gamma_1} \frac{z-1}{z(2z^2-18)}dz + \oint_{\gamma_2} \frac{z-1}{z(2z^2-18)}dz$$

$$\oint_\gamma \frac{z-1}{z(2z^2-18)}dz = \oint_{\gamma_1} \frac{z-1}{2z(z+3)(z-3)}dz + \oint_{\gamma_2} \frac{z-1}{2z(z+3)(z-3)}dz =$$

$$\oint_{\gamma_1} \frac{1}{2}\frac{\frac{z-1}{(z+3)(z-3)}}{(z-0)}dz + \oint_{\gamma_2} \frac{1}{2}\frac{\frac{z-1}{z(z+3)}}{z-3}dz = \pi i\left(\frac{1}{9}+\frac{1}{9}\right).$$

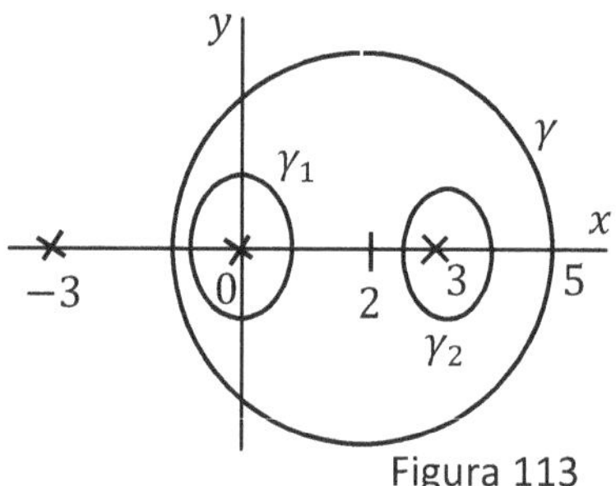

Figura 113

114. $\oint_\gamma \frac{\cos z}{z^2+9}dz = \frac{\pi}{3}\cosh 3.$

115. $\oint_\gamma \frac{\tan\frac{z}{2}}{(z-x_0)^2}dz = \pi i \sec^2\frac{x_0}{2}.$

116. $\oint_\gamma \frac{e^{iz}}{z^4}dz = \frac{\pi i}{3}.$

117*. $I = \oint_\gamma \frac{1}{(z^2+4)^2}dz = \oint_\gamma \frac{1}{(z+2i)^2(z-2i)^2}dz = \oint_\gamma \frac{\frac{1}{(z+2i)^2}}{(z-2i)^2}dz.$

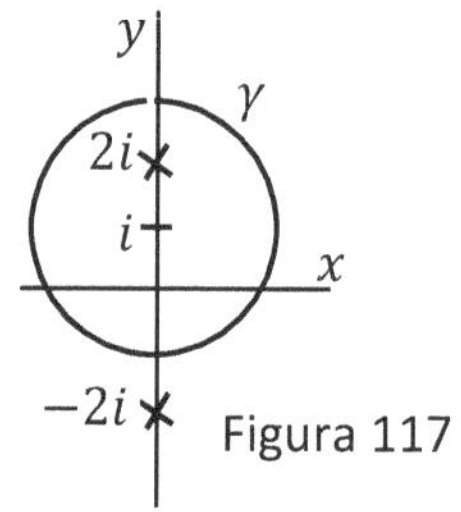

Figura 117

Ahora tenemos $\begin{cases} f(z) = \frac{1}{(z+2i)^2} \\ z_0 = 2i,\ n=1 \end{cases}$, consecuentemente,

resolvemos con la fórmula $\oint_\gamma \frac{f(z)}{(z-z_0)^2}dz = \frac{2\pi i}{1!}f'(z_0)$

y $I = 2\pi i\left(\frac{1}{(z+2i)^2}\right)'_z\Big|_{z=2i} = \frac{\pi}{16}$

118. $\oint_\gamma \frac{e^z}{z(1-z)^3}dz = 2\pi i\,\frac{e^z}{(1-z)^3}\Big|_{z=0} + \pi i\left(\frac{e}{z}\right)''_{zz}\Big|_{z=1} = i\pi(2+e)$

119. $\oint_\gamma \frac{\cos z}{z^2(z-1)^3}dz = 2\pi i\left[\frac{\cos z}{(z-1)^3}\right]'_z\Big|_{z=0} + \pi i\left[\frac{\cos z}{z^2}\right]''_{zz}\Big|_{z=1}$

Aplicar el teorema del valor medio de Gauss para calcular las siguientes integrales.

120. $\oint_0^{2\pi} e^{e^{i\theta}} d\theta = 2\pi f(z_0) = 2\pi$, $f(z) = e^z$ y $z_0 = 0$.

121. $\oint_0^{2\pi} (cos\,\theta + i\,\text{sen}\,\theta) d\theta = 2\pi f(z_0) = 2\pi$, $z_0 = 0$.

122. $\oint_{-\pi}^{\pi} cos(cos\,\theta)\,cosh(sen\,\theta)\,d\theta = 2\pi$.

Series de Taylor y Laurent

Para el desarrollo en torno a un punto de analiticidad de $f(z)$, usamos la serie $f(z) = \sum_0^\infty \frac{f^n(z_0)}{n!}(z - z_0)^n$. Si el centro del desarrollo es $z_0 = 0$, se tiene la forma de Mc Laurin, $f(z) = \sum_0^\infty \frac{f^n(0)}{n!} z^n$. Cuando la función tuviera una expresión algebraica factorizable en términos de $z - z_0$, usaremos la expresión en serie geométrica de $\frac{1}{1-q} = 1 + q + q^2 + q^3 + \cdots$, o bien $\frac{1}{1+q} = 1 - q + q^2 - q^3 \pm \cdots$.

123*. $f = \cos z|_{\frac{\pi}{2}} = 0$, $f' = -\text{sen}\, z|_{\frac{\pi}{2}} = -1$, $f'' = -\cos z|_{\frac{\pi}{2}} = 0$, $f''' = \text{sen}\, z|_{\frac{\pi}{2}} = 1$

y en general, $f^{2n} = 0$, $f^{2n+1} = (-1)^{n+1}$, $n = 0, 1, 2, ...$, de modo que $f(z) = \cos z$, entorno a $z_0 - \frac{\pi}{2}$, tiene el desarrollo de Taylor

$$\cos z = -\left(z - \frac{\pi}{2}\right)^n + \frac{1}{3!}\left(z - \frac{\pi}{2}\right)^3 - \frac{1}{5!}\left(z - \frac{\pi}{2}\right)^5 \pm \cdots = \sum_0^\infty \frac{(-1)^{2n+1}}{(2n+1)!}\left(z - \frac{\pi}{2}\right)^{2n+1}.$$

Convergente en el plano z.

124. a*) $z_0 = 1$ implica que el desarrollo tendrá la forma $\sum_0 c_n (z-1)^n$, donde los $c_n = \frac{f^n}{n!}$, son los coeficientes de Taylor. Recurrimos a la serie $\frac{1}{1+q} = 1 - q + q^2 - q^3 \pm \cdots$, para ello expresamos

$$\frac{1}{z} = \frac{1}{1 + \underbrace{z-1}_{q}} = 1 - (z-1) + (z - z_0)^2 - (z-1)^3 \pm \cdots = \sum_0 (-)^n (z-1)^n.$$

El coeficiente $c_n = (-)^n$ en esta caso, puede verificarse que es el correspondiente coeficiente de Taylor $c_n = \frac{f^n\left(\frac{1}{z}\right)\Big|_{z=1}}{n!}$. El desarrollo es convergente en $|z-1| < 1$, figura 124 a.

b*) $z_0 = -2$, nos conduce a una serie de la forma $\sum_0 c_n(z+2)^n$, donde los c_n son los coeficientes de Taylor. Expresamos

$$\frac{1}{z} = \frac{1}{(z+2)-2} = \frac{-1}{2-(z+2)} = \frac{-1}{2\left(1-\frac{z+2}{2}\right)} = -\frac{1}{2}\frac{1}{1-\underbrace{\frac{z+2}{2}}_{q}} = -\frac{1}{2}\left[1 + \left(\frac{z+2}{2}\right) + \left(\frac{z+2}{2}\right)^2 + \cdots\right],$$

finalmente, $\frac{1}{z} = -\frac{1}{2}\sum_0 \left(\frac{z+2}{2}\right)^n$, convergente en $\left|\frac{z+2}{2}\right| < 1$, figura 124 b.

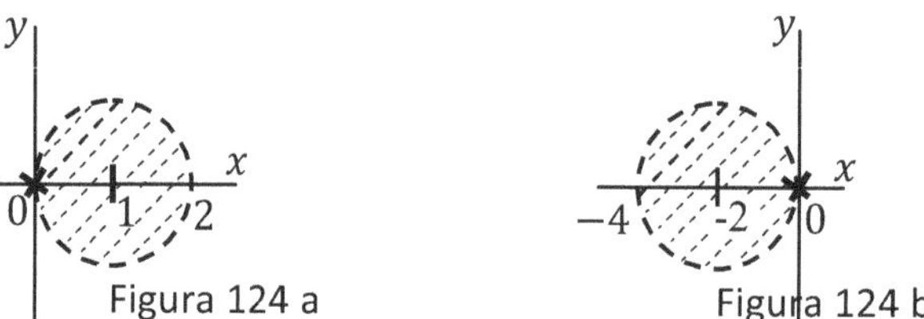

Figura 124 a

Figura 124 b

125. a*) $f(z) = \frac{1}{z^2} = \frac{1}{z}\frac{1}{z}$, y alrededor de $z_0 = 1$

$\frac{1}{z} = \frac{1}{1+\underbrace{z-1}_{q}} = 1 - (z-1) + (z-1)^2 - (z-1)^3 \pm \cdots$ de donde

$$\frac{1}{z^2} = [1-(z-1)+(z-1)^2-(z-1)^3 \pm \cdots][1-(z-1)+(z-1)^2 - (z-1)^3 \pm \cdots]$$

Multiplicando unos pocos términos, se ve que

$\frac{1}{z^2} = 1 - 2(z-1) + 3(z-1)^2 - 4(z-1)^3 \pm \cdots = \sum_0 (-)^n(n+1)(z-1)^n$,

convergente en $|z-1| < 1$.

b*) Siendo $f(z) = \frac{1}{z^2} = \left(-\frac{1}{z}\right)'$, podemos obtener su desarrollo en torno a $z_0 = 1$, derivando el desarrollo $\frac{1}{z} = \sum_0 (-)^n(z-1)^n$ obtenido en 124 a, y multiplicándolo por -1.

$$\left(\frac{1}{z}\right)' = [\sum_0 (-)^n (z-1)^n]' = \sum_1 (-)^n n(z-1)^{n-1}$$

Entonces $\left(\frac{1}{z^2}\right) = (-1)\sum_1 (-)^n n(z-1)^{n-1} = \sum_1 (-)^{n+1} n(z-1)^{n-1}$

y corriendo índices

$$\left(\frac{1}{z^2}\right) = \sum_0 (-)^{n+2}(n+1)(z-1)^n = \sum_0 (-)^n (n+1)(z-1)^n.$$

126. a*) $f(z) = z^2$, entorno a $z_0 = 1$, debe tener una representación de la forma

$$z^2 = \sum_0 c_n (z-1)^n$$

y para obtenerlo, podemos agregar y quitar términos a z^2, de manera análoga a cuando completamos cuadrados

$z^2 = (z-1)^2 + 2x - 1$, pero el término $2x$, no es de la forma

$(z-1)^n$, si lo es $1 = (z-1)^0$, entonces hacemos

$$z^2 = (z-1)^2 + 2(x-1) + 1.$$

Así, hemos transformado z^2, en una suma de términos de la forma $(z-1)^n$.

b*) Desarrollamos z^2 con la fórmula de Taylor $f(z) = \sum_0^\infty \frac{f^n(z_0)}{n!}(z-z_0)^n$, y con

$\begin{cases} f(z) = z^2 \\ z_0 = 1 \end{cases}$, $f = z^2|_{z=1} = 1$, $f' = 2z|_{z=1} = 2$, $f'' = 2|_{z=1} = 2$, $f^n = 0$, si $n \geq 3$,

entonces $$z^2 = \frac{1}{0!} + \frac{2}{1!}(z-1) + \frac{2}{2!}(z-1)^2.$$

127. a*) Buscamos desarrollar $f(z) = \frac{1}{z+1}$, alrededor de $z_0 = i$, convergente para $|z-i| < \sqrt{2}$, figura 127 a. El desarrollo será de la forma $\frac{1}{z+1} = \sum c_n (z-i)^n$ y los c_n serán los coeficientes de Taylor, en tanto $\frac{1}{z+1}$ es analítica en la región de convergencia. Para obtener el desarrollo hacemos

$$\frac{1}{z+1}=\frac{1}{1+i+z-i}=\frac{1}{(1+i)\left(1+\underbrace{\frac{z-i}{1+i}}_{q}\right)}=\frac{1}{1+i}\sum\nolimits_0(-)^n\left(\frac{z-i}{1+i}\right)^n$$

$$\frac{1}{z+1}=\frac{1-i}{2}\sum\nolimits_0(-)^n\left(\frac{z-i}{1+i}\right)^n.$$

Figura 127 a

Que es convergente si $\left|\frac{z-i}{1+i}\right|<1$, o bien $|z-i|<\sqrt{2}$, área sombreada figura 127 a.

b*) Ahora buscamos para $f=\frac{1}{z+1}$ un desarrollo que la represente por fuera del círculo $|z-i|=\sqrt{2}$, por consiguiente, ese desarrollo centrado en $z_0=i$, será de la forma $\sum c_n(z-i)^n$, y los c_n no serán los coeficientes de Taylor, en tanto la región de convergencia rodea el punto $z=-1$, donde f no es analítica. Para obtener el desarrollo, que será un desarrollo de Laurent, hacemos

$$\frac{1}{z+1}=\frac{1}{1+i+z-i}=\frac{1}{(z-i)\left(\frac{1+i}{z-i}+1\right)}=\frac{1}{z-i}\frac{1}{1+\underbrace{\frac{1+i}{z-i}}_{q}}=\frac{1}{z-i}\sum\nolimits_0(-)^n\left(\frac{1+i}{z-i}\right)^n.$$

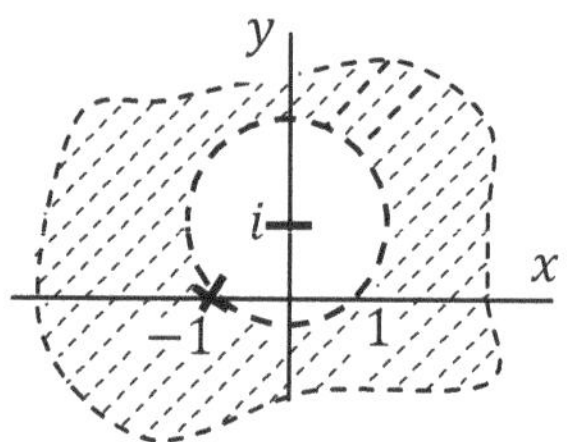

Figura 127 b

Que es convergente si $\left|\frac{1+i}{z-i}\right|<1$, o bien $|z-i|>\sqrt{2}$, área sombreada figura 127 b.

128. a*) Para desarrollar $f(z)=\frac{z}{(z-1)(z-2)}$ con centro en $z_0=0$, y válido para $|z|<1$, comenzamos por descomponer en fracciones simples $f=\frac{z}{(z-1)(z-2)}$ haciendo

$f=\frac{z}{(z-1)(z-2)}=\frac{A}{z-1}+\frac{B}{z-2}=\frac{A(z-2)+B(z-1)}{(z-1)(z-2)}$ que implica $A(z-2)+B(z-1)=z$

Entonces $\begin{cases} si\ z=1, A=-1 \\ si\ z=2, B=2 \end{cases}$ y $f=\frac{z}{(z-1)(z-2)}=\frac{-1}{z-1}+\frac{2}{z-2}$, así podemos desarrollar por separado, con centro en $z_0=0$, cada uno de los términos de f como

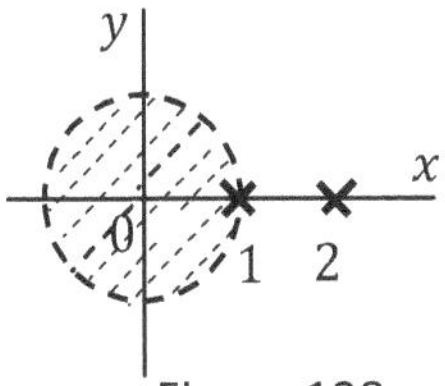

$\frac{-1}{z-1}=\frac{1}{1-z}=\sum_0 z^n$, convergente si $|z|<1$.

y x 0 1 2

Figura 128 a

$\frac{2}{z-2}=\frac{-1}{1-\frac{z}{2}}=-\sum_0\left(\frac{z}{2}\right)^n$, convergente si $\left|\frac{z}{2}\right|<1$, o bien $|z|<2$.

Finalmente, $f=\frac{z}{(z-1)(z-2)}=\sum_0 z^n-\sum_0\left(\frac{z}{2}\right)^n$, convergente si $|z|<1$ que es el menor radio de convergencia de los dos términos, figura 128 a.

b*) Para tener un desarrollo convergente de f en el anillo $1<|z|<2$, partiendo de la descomposición en fracciones de f, hacemos

$$f=\frac{-1}{z-1}+\frac{2}{z-2}=\frac{-1}{z\left(1-\frac{1}{z}\right)}+\frac{2}{2\left(\frac{z}{2}-1\right)}=\frac{-1}{z\left(1-\underbrace{\frac{1}{z}}_{q}\right)}+\frac{-1}{1-\underbrace{\frac{z}{2}}_{q}}=-\frac{1}{z}\sum_0\left(\frac{1}{z}\right)^n-\sum_0\left(\frac{z}{2}\right)^n.$$

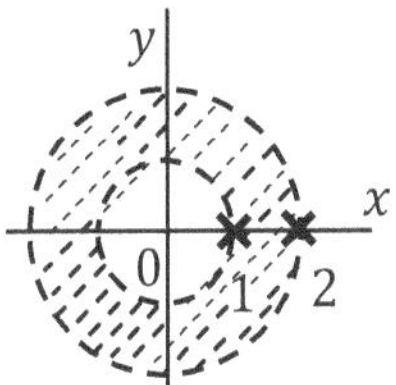

y x 0 1 2

Figura 128 b

Entonces $f=-\frac{1}{z}\sum_0\left(\frac{1}{z}\right)^n-\sum_0\left(\frac{z}{2}\right)^n$.

La serie $\sum_0\left(\frac{1}{z}\right)^n$, converge si $\left|\frac{1}{z}\right|<1$, o bien $|z|>1$, y la serie $\sum_0\left(\frac{z}{2}\right)^n$, converge si $\left|\frac{z}{2}\right|<1$, o $|z|<2$. La convergencia de f, está asegurada en el anillo $1<|z|<2$, donde son simultáneamente convergentes las dos series que la expresan, figura 128 b.

c*) Para tener un desarrollo de f con centro en $z_0=0$ y valido para $|z|>2$, nuevamente partimos de la descomposición en fracciones simples de f y hacemos

$$f=\frac{-1}{z-1}+\frac{2}{z-2}=\frac{-1}{z\left(1-\underbrace{\frac{1}{z}}_{q}\right)}+\frac{2}{z\left(1-\underbrace{\frac{2}{z}}_{q}\right)}=-\frac{1}{z}\sum_0\left(\frac{1}{z}\right)^n+\frac{2}{z}\sum_0\left(\frac{2}{z}\right)^n$$

La serie $\sum_0 \left(\frac{1}{z}\right)^n$, converge si $\left|\frac{1}{z}\right| < 1$, o bien $|z| > 1$, y la serie $\sum_0 \left(\frac{2}{z}\right)^n$, converge si $\left|\frac{2}{z}\right| < 1$, o $|z| > 2$. La convergencia de f, está asegurada para $|z| > 2$, donde son simultáneamente convergentes las dos series que la expresan.

129. a*) Necesitamos un desarrollo de la forma $\sum c_n z^n$, para ello hacemos $f(z) = \frac{1}{z}\frac{1}{z-1} = \frac{1}{z}\frac{-1}{1-\underbrace{z}_{q}} = -\frac{1}{z}\sum_0 z^n$, convergente si $|z| < 1$, y $z \neq 0$, figura 129 a.

b*) Buscamos una representación para f, de la forma $\sum c_n (z-1)^n$ válida para $|z-1| < 1$. Para ello hacemos

$$f = \frac{1}{z-1}\frac{1}{z} = \frac{1}{z-1}\frac{1}{1+\underbrace{z-1}_{q}} = \frac{1}{z-1}\sum_0 (-)^n (z-1)^n.$$

Convergente si $|z-1| < 1$ y $z \neq 1$, figura 129 b.

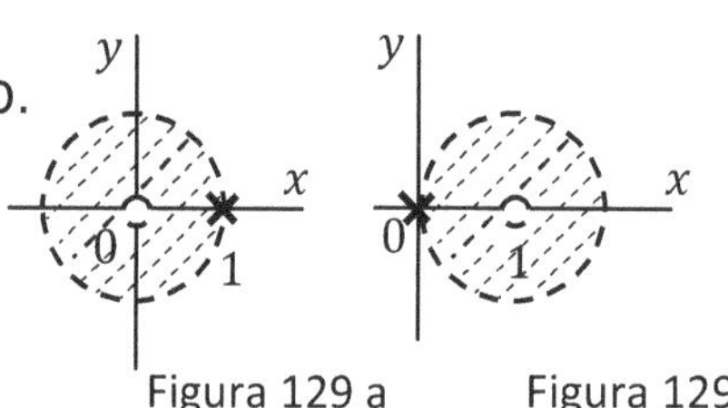

Figura 129 a Figura 129 b

130*. El desarrollo debe tener la forma $f = \sum c_n z^n$. Conocemos el desarrollo de Taylor en $z_0 = 0$, de $e^z = 1 + z + \frac{z^2}{2!} + \frac{z^3}{3!} + \frac{z^4}{4!} + \cdots$ entonces

$$f(z) = \frac{e^z - 1}{z} = \frac{\left(1+z+\frac{z^2}{2!}+\frac{z^3}{3!}+\frac{z^4}{4!}+\cdots\right)-1}{z} = 1 + \frac{z}{2!} + \frac{z^2}{3!} + \frac{z^3}{4!} + \cdots.$$

131*. Conocemos el desarrollo de Taylor alrededor de $z_0 = 0$, de $\operatorname{sen} z = z - \frac{z^3}{3!} + \frac{z^5}{5!} - \frac{z^7}{7!} \pm \cdots$, entonces

$$f(z) = \frac{\operatorname{sen} z}{z^3} = \frac{1}{z^3}\left(z - \frac{z^3}{3!} + \frac{z^5}{5!} - \frac{z^7}{7!} \pm \cdots\right) = \frac{1}{z^2} - \frac{1}{3!} + \frac{z^2}{5!} - \frac{z^5}{7!} \pm \cdots.$$

132. $f(z) = \sum_0 (-)^n \frac{z^{2(n-1)}}{(2n+1)!} - \frac{z^2 - 2z + 1}{z^3}$.

Ceros, polos y residuos

133. a*) $f = \cos z = 0$, si $z = \pm\frac{\pi}{2} + n\pi$ y $f' = -\operatorname{sen} z \neq 0$, si $z = \pm\frac{\pi}{2} + n\pi$, por lo tanto todos los ceros de f son de primer orden.

b*) $f = \frac{e^z-1}{z} = \frac{g}{h}$ $\begin{cases} g = 0, si\ z = 0 \\ g' = e^z \neq 0, si\ z = 0 \end{cases}$ y $\begin{cases} h = 0, si\ z = 0 \\ h' = 1 \neq 0 \end{cases}$, entonces en el numerador y denominador, hay ceros de primer orden en $z = 0$.

Consecuentemente, $f(0) \neq 0$. De hecho $\lim_0 f = 1$, hecho evidente si se observa el resultado de 130.

134. a) $f = \ln z = 0$, si $z = 1$, es un cero de primer orden.

b*) $f = z^3 \operatorname{sen} z = 0$, si $z = 0$, o $z = \pm n\pi$. En $z = 0$, hay un cero de cuarto orden, ahí z^3 tiene un cero de tercer orden y $\operatorname{sen} z$, un cero de primer orden. En $z = \pm n\pi$, f tiene ceros de primer orden que son los ceros de $\operatorname{sen} z$.

135. a) En $z = 2$, cero de primer orden, en $z = i$, cero de segundo orden, en $z = 1$, cero de tercer orden.

b) En $z = \pm n\pi$, ceros de segundo orden, en $z = 1$, cero de tercer orden.

136*. $f = \frac{(z-1)^2}{(z-3)(z-2)^2(z-1)} = \frac{g}{h}$

$$\begin{cases} g = (z-1)^2 = 0, si\ z = 1 \\ h = (z-3)(z-2)^2(z-1) = 0, si\ z = 1; 2; 3 \end{cases}$$

En $z = 1$, g tiene un cero de segundo orden, donde h tiene un cero de primer orden, por lo tanto $z = 1$ no es polo, es un cero de primer orden de f. En $z = 3$, hay un cero de primer orden de h, y consecuentemente un polo de primer orden de f. En $z = 2$, hay un cero de segundo orden de h, que es un polo de segundo orden de f.

137. Polos de primer orden en $z = \frac{i \pm \sqrt{3}}{2}$.

138. Polos de segundo orden en $z = \pm n\pi$.

139. En $z = 0$, polo de segundo orden.

140. En $z = 0$, polo de primer orden.

141. En $z = 0$, polo de cuarto orden.

142. a*) En un punto z_0, calculamos el residuo de $f(z)$ como: $[Res\, f(z), z_0] = \lim_{z_0} \frac{\phi^{m-1}(z)}{(m-1)!}$, siendo m el orden del polo en $z = z_0$, y $\phi(z) = (z - z_0)^m f(z)$. Es muy útil en un polo de primer orden, si $f(z) = \frac{p(z)}{q(z)}$, la fórmula $[Res\, f(z), z_0] = \lim_{z_0} \frac{p(z)}{q'(z)}$. Entonces: $f = \frac{z-1}{z+1}$, tiene un polo de primer orden en $z = -1$, por lo que

$\begin{cases} p = z - 1 \\ q = z - 1 \end{cases}$, $q' = 1$ y $[Res\, f(z), z = -1] = \lim_{-1} \frac{z-1}{1} = -2$.

b*) $f = \tan z = \frac{\operatorname{sen} z}{\cos z}$, que tiene polos de primer orden en $z = \frac{\pi}{2} \pm n\pi$, de donde $\left[Res\, f(z), z = \frac{\pi}{2} \pm n\pi\right] = \lim_{\frac{\pi}{2} \pm n\pi} \frac{\operatorname{sen} z}{-\operatorname{sen} z} = -1$

143. a*) $f = \frac{1}{(z^2-1)^2} = \frac{1}{(z+1)^2(z-1)^2}$, tiene polos de segundo orden en $z = \pm 1$, en

Si $z = -1$, $\phi = (z + 1)^2 f = \frac{1}{(z-1)^2}$, $\phi' = \frac{-2}{(z-1)^3}$ y $[Res\, f(z), -1] = \lim_{-1} \frac{-2}{(z-1)^3} = -\frac{1}{4}$

Si $z = 1$, $\phi = (z - 1)^2 f = \frac{1}{(z+1)^2}$, $\phi' = \frac{-2}{(z+1)^3}$ y $[Res\, f(z), 1] = \lim_{1} \frac{-2}{(z+1)^3} = -\frac{1}{4}$

b) $f = \frac{1}{z^3 - i}$, $z^3 - i = 0 \begin{cases} z_1 = e^{i\frac{\pi}{6}} \\ z_2 = e^{i5\frac{\pi}{6}}, \\ z_3 = e^{i9\frac{\pi}{6}} \end{cases}$ $\left[Res\, f, e^{i\frac{\pi}{6}}\right] = \frac{1-i\sqrt{3}}{6}$, $\left[Res\, f, e^{i5\frac{\pi}{6}}\right] = \frac{1+i\sqrt{3}}{6}$,

$\left[Res\, f, e^{i9\frac{\pi}{6}}\right] = -\frac{1}{3}$.

144. a*) $f = z\cos\frac{1}{z}$, la función $\cos\frac{1}{z}$, tiene una singularidad esencial en el origen, por lo que las fórmulas hasta aquí empleadas no son aplicables. Por ello debemos recurrir al desarrollo de Laurent, para encontrar el coeficiente de z^{-1}. Entonces hacemos

$$f = z\left(1 - \frac{1}{2!z^2} + \frac{1}{4!z^4} - \frac{1}{6!z^6} \pm \cdots\right) = z - \frac{1}{2!z} + \frac{1}{4!z^3} - \frac{1}{6!z^5} \pm \cdots$$ y $[Res\, f, 0\,] = \frac{1}{2}$.

b) $f = \frac{z}{\cos z}$, $\left[Res\, f, \frac{\pi}{2} \pm n\pi\right] = -\frac{\pi}{2} \pm n\pi.$

145. a) $f = \frac{3e^{2z}}{z^4}$, $[Res\, f, 0] = 4.$

b) $f = \frac{\tan z}{\text{sen}^2 z}$, $[Res\, f, \pm n\pi] = 1$, $\left[Res\, f, \frac{\pi}{2} \pm n\pi\right] = -1.$

146. a) $f = \frac{z}{z - sen\, z}$, $[Res\, f, 0] = 0.$

b) $f = \frac{1}{(\ln z)(z^2+1)}$, $[Res\, f, 1] = \frac{1}{2}$, $[Res\, f, -i] = -\frac{1}{\pi}$, $[Res\, f, i] = -\frac{1}{\pi}$.

Cálculo de integrales aplicando el método de los residuos

Calcular las siguientes integrales usando el teorema de los residuos.

147*. Dentro de la curva γ: $|z| = 2$, está incluido el único polo de $\frac{z}{z-1}$ y en $z = 1$, $\left[Res\frac{z}{z-1}, 1\right] = \lim_1 \frac{z}{1} = 1$, por lo tanto $\oint_\gamma \frac{z}{z-1}dz = 2\pi i.$

148*. La función $\frac{1}{\text{sen}\, z}$, tiene polos sinoples en $z = n\pi$, incluidos en la curva c: $|z - 6| = 4$, si $n = 1; 2; 3$, figura 148. En esos puntos, sus residuos son

$$\left[Res\frac{1}{\text{sen}\, z}, \pi\right] = \lim_\pi \frac{1}{\cos z} = -1$$

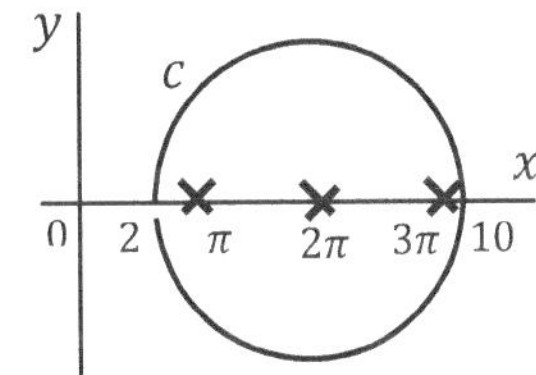

Figura 148

$\left[Res\frac{1}{\operatorname{sen} z}, 2\pi\right] = \lim_{2\pi}\frac{1}{\cos z} = 1$

$\left[Res\frac{1}{\operatorname{sen} z}, 3\pi\right] = \lim_{3\pi}\frac{1}{\cos z} = -1$, por lo que $\oint_c \frac{1}{\operatorname{sen} z}dz = -2\pi i.$

149. La curva $c: |z| = \frac{1}{2}$, encierra el único polo, en $z = 0$ de la función $\frac{(z-1)e^{\frac{1}{z}}}{z}$, pero a su vez, $e^{\frac{1}{z}}$ tiene una singularidad esencial en $z = 0$, por lo que no son aplicables aquí las fórmulas que hemos empleado anteriormente para calcular residuos. En estos casos, recurrimos al desarrollo de Laurent y leemos directamente en el desarrollo el coeficiente de $\frac{1}{z}$. Con ese propósito hacemos:

$$\frac{(z-1)e^{\frac{1}{z}}}{z} = \left(1-\frac{1}{z}\right)e^{\frac{1}{z}} = \left(1-\frac{1}{z}\right)\left(1+\frac{1}{z}+\frac{1}{2!z^2}+\frac{1}{3!z^3}+\cdots\right)$$

$$= \left(1+\frac{1}{z}+\frac{1}{2!z^2}+\cdots\right) - \left(\frac{1}{z}+\frac{1}{z^2}+\frac{1}{2!z^3}+\cdots\right) = 1+\frac{1}{z}(1-1)+\frac{1}{z^2}\left(\frac{1}{2!}-1\right)+\cdots$$

Vemos que $\left[Res\frac{(z-1)e^{\frac{1}{z}}}{z}, 0\right] = 0$ y entonces $\oint_c \frac{(z-1)e^{\frac{1}{z}}}{z}dz = 0.$

150. $\oint_c \frac{1}{e^z(z^2-1)}dz = \frac{\pi i}{e}.$

151. La curva $c: |z| = \frac{1}{2}$, incluye la singularidad $z = 0$ de la función $z^2e^{\frac{1}{z}}$, por lo tanto, para calcular el residuo en $z = 0$ de la función, debemos recurrir al desarrollo de Laurent:

$$z^2e^{\frac{1}{z}} = z^2\left(1+\frac{1}{z}+\frac{1}{2!z^2}+\frac{1}{3!z^3}+\frac{1}{4!z^4}\ldots\right) = z^2+z+\frac{1}{2!}+\frac{1}{3!z}+\frac{1}{4!z^2}+\ldots$$

Donde observamos que el coeficiente de $\frac{1}{z}$ es $\frac{1}{3!}$, por lo que $\oint_c z^2e^{\frac{1}{z}}dz = \frac{\pi i}{3}.$

152. $\oint_c \frac{1}{e^{z-1}(z-1)^2}dz = -2\pi i.$

153*. Dentro del contorno $c: |z| = 5$, la función $\frac{e^z}{\cosh z}$ tiene cuatro polos simples ubicados en el eje imaginario, en tanto los ceros de $\cosh z$ son imaginarios puros, a la vez que son ceros simples, por lo que calculamos los residuos de $\frac{e^z}{\cosh z}$ en, $-i3\frac{\pi}{2}$, $-i\frac{\pi}{2}$, $i\frac{\pi}{2}$ y $i3\frac{\pi}{2}$, como:

$$\left[Res\frac{e^z}{cosh\,z}, -i3\frac{\pi}{2}\right] = \lim_{-i3\frac{\pi}{2}}\frac{e^z}{\operatorname{senh} z} = 1,\ \left[Res\frac{e^z}{\cosh z}, -i\frac{\pi}{2}\right] = \lim_{-i\frac{\pi}{2}}\frac{e^z}{\operatorname{senh} z} = 1,$$
$$\left[Res\frac{e^z}{\cosh z}, i\frac{\pi}{2}\right] = \lim_{i\frac{\pi}{2}}\frac{e^z}{\operatorname{senh} z} = 1,\ \left[Res\frac{e^z}{\cosh z}, i3\frac{\pi}{2}\right] = \lim_{i3\frac{\pi}{2}}\frac{e^z}{\operatorname{senh} z} = 1.$$

La suma de los residuos es 4, por lo que $\oint_C \frac{e^z}{\cosh z}dz = 8\pi i$.

154. $\int_C \frac{1}{z^3(z-1)}dz = 0$.

155*. La integral $\int_0^{2\pi}\frac{1}{5-4\cos\theta}d\theta$, con la sustitución $\begin{cases} e^{i\theta} = z \\ e^{-i\theta} = z^{-1} \\ d\theta = \frac{dz}{iz}\end{cases}$, se transforma en una integral sobre el círculo unitario y su valor es $2\pi i\sum[Res\, f(z),\ z_j]$, donde los z_j a considerar, serán aquellos que $|z_j| < 1$, con la condición que la función obtenida por sustitución, no tenga polos sobre el circulo unidad, que equivaldrían a polos en el intervalo $[0, 2\pi]$. Entonces, si hacemos la sustitución $\frac{d\theta}{5-4\cos\theta} = \frac{1}{5-4\frac{z+z^{-1}}{2}}\frac{dz}{iz}$, tenemos

$$\int_0^{2\pi}\frac{d\theta}{5-4\cos\theta} = \frac{1}{i}\oint_{|1|}\frac{dz}{-2z^2+5z-2} = \frac{i}{2}\oint_{|1|}\frac{dz}{(z-2)\left(z-\frac{1}{2}\right)}$$

El único polo dentro del circulo unidad es $z = \frac{1}{2}$ y $\left[Res\ \frac{1}{(z-2)\left(z-\frac{1}{2}\right)}, z = \frac{1}{2}\right] = -\frac{2}{3}$

y $\frac{i}{2}\oint_{|1|}\frac{dz}{(z-2)\left(z-\frac{1}{2}\right)} = \frac{i}{2}2\pi i\left(-\frac{2}{3}\right) = \frac{2\pi}{3}$.

156*. $\int_0^{\pi}\frac{d\theta}{3+2\cos\theta} = \frac{1}{2}\int_0^{2\pi}\frac{d\theta}{3+2\,cos\,\theta} = \frac{1}{2i}\oint_{|1|}\frac{dz}{z^2+3z+1} = \frac{1}{2i}\sum\left[Res\ \frac{1}{z^2+3z+1}, |z| < 1\right]$

La función $\frac{1}{z^2+3z+1}$, tiene un solo polo dentro del círculo unidad, en $z = \frac{-3+\sqrt{5}}{2}$ y su residuo ahí es $\lim_{\frac{-3+\sqrt{5}}{2}}\frac{1}{2z+3} = \frac{1}{\sqrt{5}}$ y entonces $\int_0^{\pi}\frac{d\theta}{3+2\cos\theta} = \frac{\pi}{\sqrt{5}}$.

157. $\int_0^{2\pi}\frac{d\theta}{5-4\operatorname{sen}\theta} = \frac{2\pi}{\sqrt{3}}$.

158. $\int_0^{\pi}\frac{\cos^2\theta}{13-5\cos 2\theta}d\theta = \frac{\pi}{20}$.

159*. $\int_0^\infty \frac{1}{(1+x^2)^2} dx = \frac{1}{2}\int_{-\infty}^\infty \frac{1}{(1+x^2)^2} dx$ que resolvemos cuando no hubiera polos sobre el eje real, sustituyendo x por z y resolviendo como

$$\frac{1}{2}\int_{-\infty}^{\infty} \frac{dx}{(1+x^2)^2} = \frac{1}{2}\oint_c \frac{dz}{(1+z^2)^2}$$

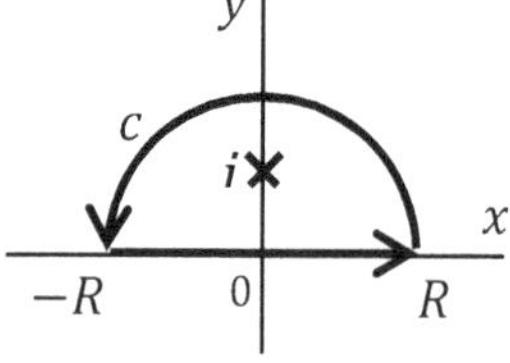

Figura 159

La curva c rodea todo el semiplano superior (sps) en sentido horario cuando $R \to \infty$. El valor de $\frac{1}{2}\oint_c \frac{dz}{(1+z^2)^2}$, se puede obtener entonces como $\frac{1}{2}2\pi i \sum\left[Res\ \frac{dz}{(1+z^2)^2}, sps\right]$. Si se eligiera c rodeando el semiplano inferior (spi) en sentido antihorario, entonces $\frac{1}{2}\oint_c \frac{dz}{(1+z^2)^2} = -\frac{1}{2}2\pi i \sum\left[Res\ \frac{dz}{(1+z^2)^2}, spi\right]$. con la primera convención

$$\frac{1}{2}\oint_c \frac{dz}{(1+z^2)^2} = \frac{1}{2}\oint_c \frac{dz}{(z+i)^2(z-i)^2}$$

En $z = i$, está el único polo en el sps, y es de segundo orden $\begin{cases} \phi = (z-i)^2 f = \frac{1}{(z+i)^2} \\ \phi' = \frac{-2}{(z-i)^3} \\ [Res\ f, i] = \lim_i \phi' = -\frac{i}{4} \end{cases}$ por lo que $\int_0^\infty \frac{1}{(1+x^2)^2} dx = \frac{1}{2}2\pi i\left(-\frac{i}{4}\right) = \frac{\pi}{4}$.

160. $\int_{-\infty}^\infty \frac{x\,dx}{(x^2-2x+2)^2} = \oint_c \frac{z\,dz}{(z^2-2z+2)^2}$, con polos dobles en $z_1 = 1+i \quad z_2 = 1-i$, nos interesa solo el residuo de $f = \frac{z}{(z-z_1)^2(z-z_2)^2}$ en $z_1 = 1+i$, $\begin{cases} \phi = (z-z_1)^2 f \\ \phi' = \frac{(z-z_2)^2 - 2z(z-z_2)}{(z-z_2)^4} \\ [Res\ f, 1+i] = -\frac{i\pi}{4} \end{cases}$ entonces $\int_{-\infty}^\infty \frac{x\,dx}{(x^2-2x+2)^2} = 2\pi i\left(-\frac{i\pi}{4}\right) = \frac{\pi}{2}$.

161. $\int_{-\infty}^\infty \frac{x^2 dx}{(x^2-2x+2)^2} = \pi$.

162. $\int_{-\infty}^\infty \frac{1+x^2}{1+x^4} dx = \pi\sqrt{2}$.

163*. $\int_{-\infty}^\infty \frac{\cos 3x}{x^2+4} dx$, es la parte real de la integral $\int_{-\infty}^\infty \frac{e^{i3z}}{z^2+4} dz$, y a esta ultima integral, la resolvemos como $2\pi i \sum\left[\frac{e^{i3z}}{z^2+4}, sps\right]$. El único polo de $\frac{e^{i3z}}{z^2+4}$ en sps

es el punto $2i$, donde su residuo es $\left[Res\ \frac{e^{i3z}}{z^2+4}, 2i\right] = \lim_{2i} \frac{e^{i3z}}{2z} = \frac{e^{-6}}{4i}$, con lo que $\int_{-\infty}^{\infty} \frac{e^{i3z}}{z^2+4} dz = \frac{\pi}{2} e^{-6}$, y entonces $\int_{-\infty}^{\infty} \frac{\cos 3x}{x^2+4} dx = Re\left(\int_{-\infty}^{\infty} \frac{e^{i3z}}{z^2+4} dz\right) = \frac{\pi}{2} e^{-6}$.

164. $\int_{-\infty}^{\infty} \frac{x \operatorname{sen} 3x}{(x^2+4)^2} dx = \frac{3\pi}{4} e^{-6}$.

165. $\int_{-\infty}^{\infty} \frac{\operatorname{sen} x}{x^2+x+1} dx = -\frac{2\pi}{\sqrt{3}} e^{-\frac{\sqrt{3}}{2}} \operatorname{sen} \frac{1}{2}$.

166. $\int_{-\infty}^{\infty} \frac{x \operatorname{sen} x}{x^4+1} dx = \frac{\pi}{2} e^{-\frac{\sqrt{2}}{2}} \operatorname{sen} \frac{\sqrt{2}}{2}$.

Mapeo Conforme

167. a*) Conforme en todo el plano ya que $w' = e^z \neq 0$ en todo el plano z.

b*) déja de ser conforme en los puntos $z = \frac{\pi}{2} \pm n\pi$, donde $w' = \cos z = 0$.

168. a*) Conforme en todo el plano complejo, excluido el origen donde no está definida $w = \frac{1}{z}$.
b*) Conforme en todo el plano z excepto en $z = \frac{1}{2}$, donde $w' = 2z - 1 = 0$.

169. a*) $w = z^3\left(z - \frac{z^3}{3!} + \frac{z^5}{5!} - \frac{z^7}{7!} \pm \cdots\right) = z^4 - \frac{z^6}{3!} \pm \cdots$, muestra que w tiene un cero de cuarto orden en el origen, por lo tanto, cuadruplica el ángulo.

b*) $w = z - \left(z - \frac{z^3}{3!} + \frac{z^5}{5!} - \frac{z^7}{7!} \pm \cdots\right) = -\frac{z^3}{3!} + \frac{z^5}{5!} - \frac{z^7}{7!} \pm \cdots$, muestra que en $z = 0$, hay un cero de tercer orden. Por lo tanto se triplica el ángulo.

170. a) $w = e^z - z$, duplica el ángulo. b) $w = e^{z^2} - \cos z$, duplica el ángulo.

171. a*) En $z_0 = i$, $w' = 3z^2 + 4$ es $w'(i) = -3 + 4 = 1$ y $f.e. = |w'(i)| = 1$, $\Delta\theta = arg[w'(i)] = \arg(1) = 0$.

b*) En $z_1 = 1 + i$, es $w'(1+i) = 3(1+i)^2 + 4 = 6i + 4$,

$f.e. = |w'(1+i)| = |6i + 4| = 7{,}2$. $arg[w'(1+i)] = \tan^{-1}\frac{4}{6} = 33{,}69$, y $\Delta\theta = 33{,}69$.

172. a*) $w' = e^z$, y en $z_0 = i\frac{\pi}{4}$, $w'\left(i\frac{\pi}{4}\right) = e^{i\frac{\pi}{4}}$. $f.e. = \left|w'\left(i\frac{\pi}{4}\right)\right| = 1$. $arg\left[w'\left(i\frac{\pi}{4}\right)\right] = \frac{\pi}{4}$, por lo tanto $\Delta\theta = \frac{\pi}{4}$.

b*) En $z_1 = 1 + i\pi$, $w'(1 + i\pi) = e^{1+i\pi} = ee^{i\pi}$, $f.e. = |ee^{i\pi}| = e$. $arg[w'(1 + i\pi)] = \pi$, por lo tanto $\Delta\theta = \pi$.

c) $f.e. = 1$, $\Delta\theta = 0$.

Series e integrales de Fourier

173. a*) Es impar por ser cociente de funciones de distinta paridad. Recordar que en $z = 0$, $\operatorname{sen} x = z - \frac{x^3}{3!} + \frac{x^5}{5!}\ldots$ y $\cos x = 1 - \frac{z^2}{2!} + \frac{z^4}{4!}\ldots$.

Por otra parte $\tan x = \frac{\operatorname{sen} x}{\cos x}$ y $\tan(-x) = \frac{\operatorname{sen}(-x)}{\cos(-x)} = \frac{-\operatorname{sen} x}{\cos x}$.

b*) Es obviamente par porque $x^2 = (-x)^2$.

c*) Numerador y denominador, son sin paridad definida ya que contienen potencias 1 y 0 de x. por otra parte $f(x) = \frac{x+1}{x-1} = 1 + \frac{2}{x-1}$ y $f(-x) = 1 + \frac{2}{-x-1}$, y entonces $\begin{cases} f(x) \neq f(-x) \\ f(x) \neq -f(-x) \end{cases}$. No hay una paridad definida.

174. a*) Es par porque $|x| = |-x|$. b*) $f(x) = \frac{x}{(x+1)(x-1)} = \frac{x}{x^2-1}$ es impar porque es cociente de una impar y una par. c*) $f(x) = \operatorname{sen}^{-1} x$, es impar por ser inversa de una impar.

175. a*) $f(x) = x + 1$, $\begin{cases} f_P = \frac{x+1+(-x+1)}{2} = 1 \\ f_I = \frac{x+1-(x+1)}{2} = x \end{cases}$.

b*) $f(x) = e^x$, $\begin{cases} f_P = \frac{e^x+e^{-x}}{2} = \cosh x \\ f_I = \frac{e^x-e^{-x}}{2} = \operatorname{senh} x \end{cases}$.

176. a*) $f(x) = \frac{x+1}{x-1}$ $\begin{cases} f_P = \frac{1}{2}\left(\frac{x+1}{x-1} + \frac{-x+1}{-x-1}\right) = \frac{x^2+1}{x^2-1} \\ f_I = \frac{1}{2}\left(\frac{x+1}{x-1} - \frac{-x+1}{-x-1}\right) = \frac{2x}{x^2-1} \end{cases}$. b) $f_P = \frac{-1}{x^2-1}$, $f_I = \frac{x}{x^2-1}$.

177. a) $f_P = -\cos 2x$, $f_I = x\cos x$. b) $f_P = \frac{x^2+1}{x^2-1}$, $f_I = \frac{x(x^2+1)}{x^2-1}$.

Dar los desarrollos de Fourier de las siguientes funciones.

178*. $a_m = 0, \forall m$, en tanto f es impar, figura 178.

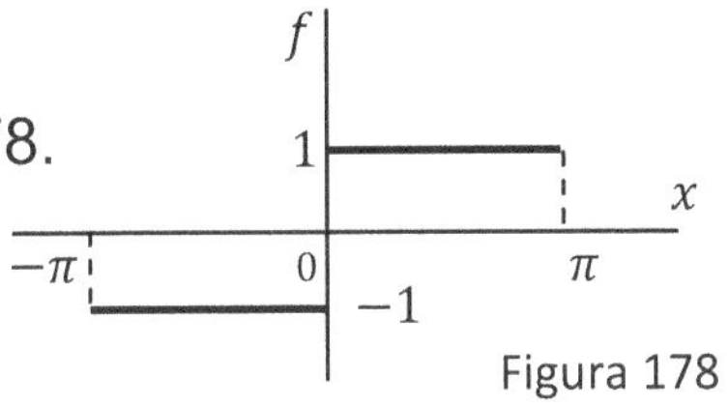

Figura 178

$b_m = \frac{1}{\pi}\int_{-\pi}^{\pi} f(x)\,\mathrm{sen}\, mx = \frac{2}{\pi}\int_0^{\pi} f(x)\,\mathrm{sen}\, mx$, en tanto el integrando es par, como producto de dos funciones impares, entonces

$b_m = \frac{2}{\pi}\int_0^{\pi} f(x)\,\mathrm{sen}\, mx = -\frac{2}{\pi}\frac{\cos mx}{m}\Big|_0^{\pi} = \frac{2}{\pi}\frac{\cos mx}{m}\Big|_{\pi}^{0} = \frac{2}{\pi}\frac{1-\cos m\pi}{m} =$
$\begin{cases} 0, si\ m = 2n \\ \frac{4}{m\pi}, si\ m = 2n-1 \end{cases}$.

Entonces; $b_m = \frac{4}{\pi}\frac{1}{2n-1}$ y $f(x) = \frac{4}{\pi}\sum_1 \frac{\mathrm{sen}\,(2n-1)x}{2n-1}$.

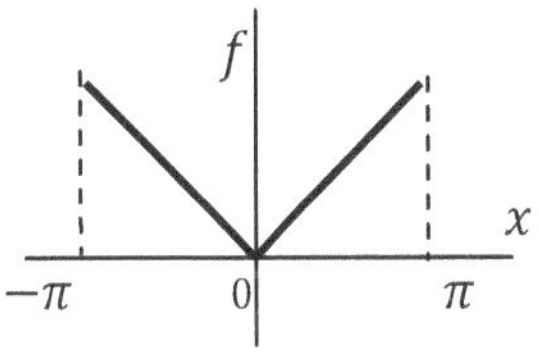

179*. $b_m = 0, \forall m$, por ser f es par.

Figura 179

Se deduce de la figura 179, que $a_m = \frac{\pi}{2}$, en tanto es el valor medio de f en $[-\pi, \pi)$, que multiplicado por 2π, restituye el área bajo f. Su cálculo es

$a_0 = \frac{1}{2\pi}\int_{-\pi}^{\pi}|x| = \frac{1}{\pi}\int_0^{\pi} x = \frac{1}{\pi}\frac{x^2}{2}\Big|_0^{\pi} = \frac{\pi}{2}$. Los $a_m = \frac{1}{\pi}\int_{-\pi}^{\pi}|x|\cos mx = \frac{2}{\pi}\int_0^{\pi} x\cos mx$

la última integral se resuelve por partes

$$a_m = \frac{2}{\pi}\left[\overbrace{x\frac{\operatorname{sen} mx}{m}\Big|_0^{\pi}}^{=0} - \int_0^{\pi}\frac{\operatorname{sen} mx}{m}\right] = \frac{2}{\pi}\frac{\cos mx}{m^2}\Big|_0^{\pi} = \frac{2}{\pi}\frac{\cos m\pi - 1}{m^2} =$$

$$\begin{cases} 0, si\ m = 2n \\ -\frac{4}{\pi m^2}, si\ m = 2n-1 \end{cases}$$

Entonces $f(x) = \frac{\pi}{2} - \frac{4}{\pi}\sum_1 \frac{\cos(2n-1)x}{(2n-1)^2}$.

180*. f es una función impar, figura 180. Entonces $a_m = 0$

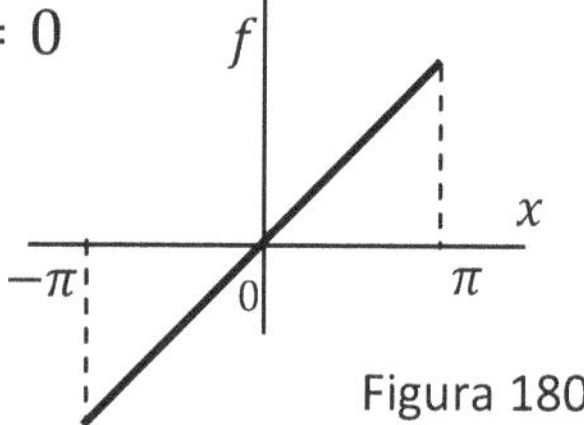

Figura 180

$b_m = \frac{1}{\pi}\int_{-\pi}^{\pi} x \operatorname{sen} mx = \frac{2}{\pi}\int_0^{\pi} x \operatorname{sen} mx$ que se resuelve por partes

$$b_m = \frac{2}{\pi}\left[-x\frac{\cos mx}{m}\Big|_0^{\pi} + \overbrace{\int_0^{\pi}\frac{\cos mx}{m}}^{=0}\right] = -2\frac{\cos m\pi}{m} = \begin{cases} -\frac{2}{m}, si\ m = 2n \\ \frac{2}{m}, si\ m = 2n-1 \end{cases}, \text{ entonces}$$

$f(x) = 2\sum_1 (-)^{n+1} \frac{\operatorname{sen}(2n-1)x}{(2n-1)}$.

181*. La función no tiene paridad definida, debemos calcular todos los a_m y b_m.

En la figura 181, se aprecia que

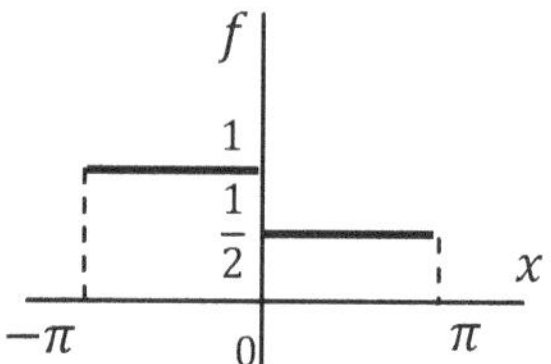

Figura 181

el área bajo f es $\frac{3}{2}\pi$, de donde se deduce que el valor de

$a_0 = \frac{3}{4}$. Su cálculo es $a_0 = \frac{1}{2\pi}\int_{-\pi}^{\pi} f = \frac{1}{2\pi}\int_{-\pi}^{0} 1 + \frac{1}{2\pi}\int_0^{\pi}\frac{1}{2} = \frac{1}{2\pi}\left(\pi + \frac{\pi}{2}\right) = \frac{3}{4}$

$$a_m = \frac{1}{\pi}\left(\int_{-\pi}^{0} 1 \cos mx + \int_0^{\pi}\frac{1}{2}\cos mx\right) = \left(\frac{1}{\pi}\frac{\operatorname{sen} mx}{m}\Big|_{-\pi}^{0} + \frac{1}{2\pi}\frac{\operatorname{sen} mx}{m}\Big|_0^{\pi}\right) = 0$$

$$b_m = \frac{1}{\pi}\left(\int_{-\pi}^{0} 1 \operatorname{sen} mx + \int_{0}^{\pi} \frac{1}{2} \operatorname{sen} mx\right) = \left(-\frac{1}{\pi}\frac{\cos mx}{m}\Big|_{-\pi}^{0} - \frac{1}{2\pi}\frac{\cos mx}{m}\Big|_{0}^{\pi}\right)$$

$$b_m = \frac{\cos m\pi}{m\pi} - 1 + 1 - \frac{\cos m\pi}{2m\pi} = \frac{\cos m\pi}{2\pi m} = \begin{cases} \frac{1}{2\pi m}, si\ m = 2n \\ -\frac{1}{2\pi m}, si\ m = 2n-1 \end{cases}$$, finalmente

$$f(x) = \frac{3}{4} + \frac{1}{2\pi}\sum_1 (-)^n \frac{\operatorname{sen} nx}{n}.$$

182. $f(x) = \frac{\operatorname{senh} \pi}{\pi} + 2\frac{\operatorname{senh} \pi}{\pi}\sum_1 (-)^n \frac{\cos nx - n \operatorname{sen} nx}{n^2+1}.$

183. $f(x) = \frac{2}{\pi} - \frac{4}{\pi}\sum_1 \frac{\cos 2nx}{(2n+1)(2n-1)}.$

184. $f(x) = \frac{1}{2} - \frac{1}{\pi}\sum_1 \frac{\operatorname{sen} 2n\pi x}{n}.$

185. $f(x) = \frac{1}{2} - \frac{4}{\pi^2}\sum_1 \frac{\cos n\pi x}{n^2}.$

186. $F(x,y) = F(x) = 2\sum_1 (-)^{n+1} \frac{\operatorname{sen} nx}{n}.$

187. $F(x,y) = 8\sum_{\substack{m=1\\q=1}} \frac{(-)^{m+1+q}}{mq^2} \operatorname{sen} mx \cos qy.$

188*. $F(\omega) = \mathcal{F}[f(t)] = \int_{-\infty}^{\infty} f(t)e^{-i\omega t}\, dt$

$$F(\omega) = \int_{-a}^{a} 1\, e^{-i\omega t}\, dt = -\frac{e^{-i\omega t}}{i\omega}\Big|_{-a}^{a} = \frac{e^{-i\omega a} - e^{-i\omega a}}{i\omega}$$

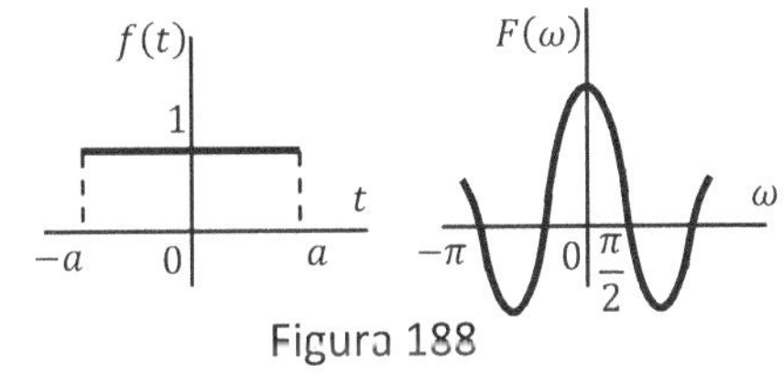

Figura 188

$$F(\omega) = 2\frac{\operatorname{sen} \omega a}{\omega}.$$

189. a*) $F(\omega) = \int_{-h}^{h} \frac{1}{2h} e^{-i\omega t} dt$

$$F(\omega) = \frac{e^{-i\omega t}}{-i\omega 2h}\Big|_{-h}^{h} = \frac{e^{i\omega h} - e^{-i\omega h}}{2i\omega h} = \frac{\operatorname{sen} \omega h}{\omega h}.$$

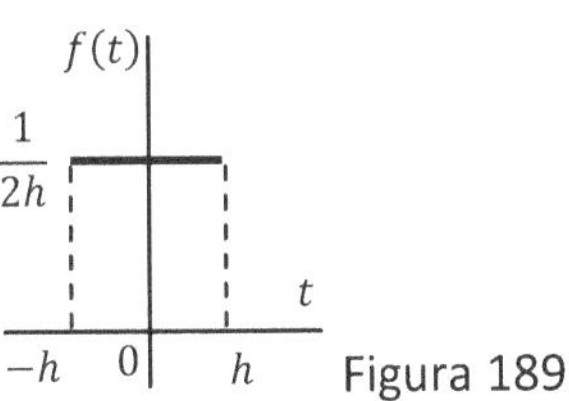

Figura 189

b*) $\lim_{h\to 0} F(\omega) = \lim_{h\to 0} \frac{sen\ \omega h}{\omega h} = 1.$

190*. $F(\omega) = \int_{-\infty}^{\infty} e^{-t^2} e^{-i\omega t}\, dt$

$$F(\omega) = \underbrace{\left.\frac{e^{-t^2}e^{-i\omega t}}{-i\omega}\right|_{-\infty}^{\infty}}_{=0} - \int_{-\infty}^{\infty} \frac{-2te^{-t^2}e^{-i\omega t}}{-i\omega} dt$$

$$F(\omega) = -2\int_{-\infty}^{\infty} \frac{te^{-t^2}e^{-i\omega t}}{i\omega} dt = -2\int_{-\infty}^{\infty} \frac{-ite^{-t^2}e^{-i\omega t}}{\omega} dt$$

$F(\omega) = -2\frac{F'(\omega)}{\omega}$, que integrada es: $\ln F(\omega) = -\frac{\omega^2}{4}$, de donde $F(\omega) = e^{-\frac{\omega^2}{4}}$.

191*. $F(\omega) = \int_{-\infty}^{\infty} \frac{e^{-i\omega t}}{1+t^2} dt$, el integrando tiene polos simples en $t = \pm i$,

$\left[Res\ \frac{e^{-i\omega t}}{1+t^2}, i\right] = \lim_i \frac{e^{-i\omega t}}{2t} = \frac{e^{\omega}}{2i}$, por lo que $F(\omega) = 2\pi i \frac{e^{\omega}}{2i} = \pi e^{\omega}$.

Transformada de Laplace

192. a*) $F(s) = \mathcal{L}\{f(t)\} = \mathcal{L}\{1\} + \mathcal{L}\{e^t\} + \mathcal{L}\{e^{3t}\} + \mathcal{L}\{\text{sen } 3t\}$

$F(s) = \frac{1}{s} + \frac{1}{s-1} + \frac{1}{s-3} + \frac{3}{s^2+9}$.

b*) $F(s) = \mathcal{L}\{e^{at+k}\} = e^k\mathcal{L}\{e^{at}\} = e^k \frac{1}{s-a}$.

193. a*) $F(s) = \mathcal{L}\{1\} - \mathcal{L}\{\cos 2t\} + 2\mathcal{L}\{t\} = \frac{1}{s} - \frac{s}{s^2+4} + \frac{2}{s^2}$.

b*) $F(s) = \mathcal{L}\{\text{sen}^2 t\} = \mathcal{L}\left\{\frac{1-\cos 2t}{2}\right\} = \mathcal{L}\left\{\frac{1}{2}\right\} - \mathcal{L}\left\{\frac{\cos 2t}{2}\right\} = \frac{1}{2s} - \frac{1}{2}\frac{s}{s^2+4}$.

194. a*) $F(s) = \mathcal{L}\{e^{-4t}\,\text{sen } 4t\} = \frac{4}{(s+4)^2+16}$, $\left(\mathcal{L}\{\text{sen } 4t\} = \frac{4}{s^2+16}\right)$

b*) $F(s) = \mathcal{L}\{e^t\text{sen}(t-1)\} = \mathcal{L}\{e^t(\text{sen } t\cos 1 - \text{sen } 1\cos t)\}$

$F(s) = \cos 1\,\mathcal{L}\{e^t(\text{sen } t)\} - \text{sen } 1\,\mathcal{L}\{e^t(\cos t)\}$

$F(s) = \cos 1 \frac{1}{(s-1)^2+1} - \text{sen } 1 \frac{s}{(s-1)^2+1}$. c*) $F(s) = \mathcal{L}\left\{\text{sen}\frac{2n\pi t}{T}\right\} = \frac{\frac{2n\pi}{T}}{s^2+\left(\frac{2n\pi}{T}\right)^2}$.

d*) $F(s) = \mathcal{L}\{\cos(\omega t - \alpha)\} = \mathcal{L}\{\cos\omega t \cos\alpha + \operatorname{sen}\omega t \operatorname{sen}\alpha\}$

$F(s) = \cos\alpha\, \mathcal{L}\{\cos\omega t\} + \operatorname{sen}\alpha\, \mathcal{L}\{\operatorname{sen}\omega t\} = \cos\alpha \frac{s}{s^2+\omega^2} + \operatorname{sen}\alpha \frac{\omega}{s^2+\omega^2}.$

195*. $F(s) = \mathcal{L}\{te^{-t}\cos t\} = \mathcal{L}\{e^{-t}t\, cos\, t\}$:

$\mathcal{L}\{f(t)\} = F(s), \begin{cases} \mathcal{L}\{tf(t)\} = -\frac{dF(s)}{ds} \\ \mathcal{L}\{e^{at}f(t)\} = F(s-\alpha) \end{cases}$ de donde $F(s) = -\frac{(s+1)^2+1-2(s+1)^2}{[(s+1)^2+1]^2}.$

196. $F(s) = \frac{e^{-s}}{s^2}.\quad (\mathcal{L}\{t\} = \frac{1}{s^2})$

197*. $F(s) = \mathcal{L}\{tu_2(t)\} = \mathcal{L}\{[(t-2)+2]u_2(t)\} = \mathcal{L}\{(t-2)u_2(t) + 2u_2(t)\}$

$F(s) = \frac{e^{-2s}}{t^2} + 2\frac{e^{-2s}}{s}.\quad (\mathcal{L}\{f(t)\} = F(s),\ \mathcal{L}\{f(t-a)u_a\} = e^{-as}F(s))$

198. $F(s) = e^{-\frac{\pi}{2}s}\frac{s}{s^2+1}.$

199*. $F(s) = \mathcal{L}\{u_1 \operatorname{sen} t\} = \mathcal{L}\{u_1 \operatorname{sen}[(t-1)+1]\}$

$F(s) = \mathcal{L}\{u_1[\operatorname{sen}(t-1)\cos 1 + \operatorname{sen} 1 \cos(t-1)]\}$

$F(s) = \cos 1\, \mathcal{L}\{u_1[\operatorname{sen}(t-1)]\} + \operatorname{sen} 1\, \mathcal{L}\{u_1[\cos(t-1)]\} = (\cos 1 + s \operatorname{sen} 1)\frac{e^{-s}}{s^2+1}.$

200. $F(s) = -\frac{d}{ds}[(s-2)F(s-2) - F(0)].$

201*. $\mathcal{L}\left\{\int_0^t f\right\} = \frac{1}{s}\mathcal{L}\{f\}$, entonces

$\mathcal{L}\left\{\int_0^t u\, cos\, u\, du\right\} = \frac{1}{s}\mathcal{L}\{u\cos u\} = \frac{1}{s}[-\mathcal{L}\{\cos u\}]'_s = \frac{1}{s}\frac{s^2-1}{(s^2+1)^2}.$

$(\mathcal{L}\{tf\} = -\frac{d}{ds}[\mathcal{L}\{f\}]).$

202*. $f(t) = 3 - 3u_1 + 2u_1 - 2u_2$

$F(s) = \mathcal{L}\{f(t)\} = \mathcal{L}\{3 - 3u_1 + 2u_1 - 2u_2\}$

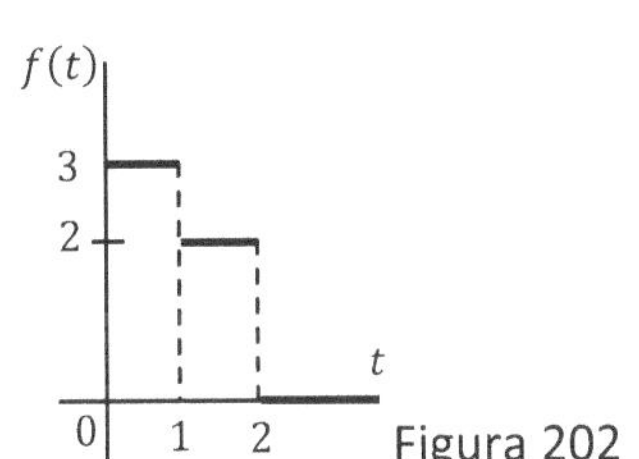

Figura 202

$$F(s) = 3\mathcal{L}\{1\} - 2\mathcal{L}\{u_1\} - 2\mathcal{L}\{u_2\}$$

$$F(s) = 3\frac{1}{s} - \frac{e^{-s}}{s} - 2\frac{e^{-2s}}{2} = \frac{3-e^{-s}-2e^{-2s}}{s}.$$

203*. $f(s) = \mathcal{L}\{f(t)\} = \frac{\int_0^{2\pi} f e^{-st}}{1-e^{-s2\pi}}.$

$$F(s) = \frac{\int_0^{\pi} 1e^{-st}}{1-e^{-2\pi s}} = \frac{\left.\frac{e^{-st}}{-s}\right|_0^{\pi}}{1-e^{-2\pi s}} = \frac{1-e^{-s\pi}}{s(1-e^{-2\pi s})}$$

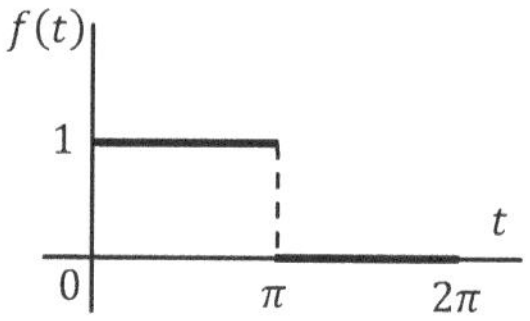

$$F(s) = \frac{1}{s(1+e^{-\pi s})}.$$

Figura 203

204*. $F(s) = \mathcal{L}\{\text{sen}^2 t\} = \mathcal{L}\left\{\frac{1-\cos 2t}{2}\right\} = \frac{1}{2}\mathcal{L}\{1\} - \frac{1}{2}\mathcal{L}\{\cos 2t\}$

$$F(s) = \frac{1}{2s} - \frac{1}{2}\frac{s}{s^2+4}.$$

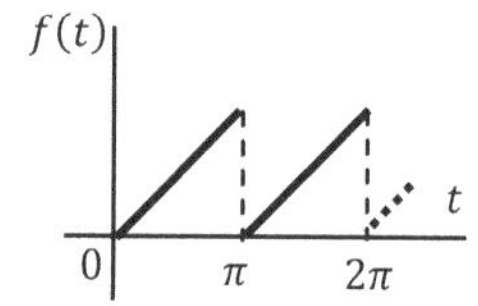

Figura 205

205*. $F(s) = \frac{\int_0^{\pi} te^{-st}}{1-e^{-s\pi}} = \frac{1-e^{-s\pi}}{s^2} - \frac{e^{-s\pi}}{s}.$

206*. $\mathcal{L}^{-1}\left\{\frac{1}{s+1}\right\} = e^{-t}.$

207*. $\mathcal{L}^{-1}\left\{\frac{1}{(s+1)^2}\right\} = te^{-t}.$

208*. $\mathcal{L}^{-1}\left\{\frac{s+1}{s^2+2s-4}\right\} = \mathcal{L}^{-1}\left\{\frac{s+1}{(s+1)^2-5}\right\} = e^{-t}\cosh\sqrt{5}t,\ \ \mathcal{L}\{\cosh at\} = \frac{s}{s^2-a^2}$.

209*. $\mathcal{L}^{-1}\left\{\frac{e^{-4s}}{s^2+4}\right\} = \mathcal{L}^{-1}\left\{e^{-4s}\frac{1}{2}\frac{2}{s^2+2^2}\right\} = \frac{1}{2}\text{sen}\, 2(t-4).$

210*. $\mathcal{L}^{-1}\left\{\frac{1}{(s-2)(s+3)}\right\} = \mathcal{L}^{-1}\left\{\frac{1}{5}\left(\frac{1}{s-2} - \frac{1}{s+3}\right)\right\} = \frac{1}{5}(e^{2t} - e^{-3t}).$

211*. $\mathcal{L}^{-1}\left\{\frac{1}{s(s+2)^2}\right\} = \mathcal{L}^{-1}\left\{\frac{1}{4}\frac{1}{s} - \frac{1}{2}\frac{1}{(s+2)^2} - \frac{1}{4}\frac{1}{s+2}\right\} = \frac{1}{4} - \frac{1}{2}te^{-2t} - \frac{1}{4}e^{-2t}.$

Por convolución, $\mathcal{L}^{-1}\left\{\frac{1}{s(s+2)^2}\right\} = \mathcal{L}^{-1}\left\{\frac{1}{s}\right\} * \mathcal{L}^{-1}\left\{\frac{1}{(s+2)^2}\right\} \begin{cases} \mathcal{L}^{-1}\left\{\frac{1}{s}\right\} = 1 \\ \mathcal{L}^{-1}\left\{\frac{1}{(s+2)^2}\right\} = te^{-2t} \end{cases}$

Entonces $f(t) = 1 * te^{-2t} = \int_0^t 1\, ue^{-2u}\, du = -\frac{1}{2}e^{-2u}u\big|_0^t + \int_0^t \frac{1}{2}e^{-2u}.$

$f(t) = -\frac{te^{-2t}}{2} - \frac{1}{2}\frac{e^{-2u}}{2}\Big|_0^t = -\frac{1}{2}te^{-2t} - \frac{1}{4}e^{-2t} + \frac{1}{4}.$

212*. $\mathcal{L}^{-1}\left\{\frac{e^{-s}}{s(s^2+5s+4)}\right\} = \mathcal{L}^{-1}\left\{\frac{e^{-s}}{4s} - \frac{e^{-s}}{3(s+1)} + \frac{e^{-s}}{12(s+4)}\right\} = f(t)$

$f(t) = \frac{1}{4}u_1 - \frac{1}{3}u_1e^{-(t-1)} + \frac{1}{12}u_1e^{-4(t-1)}.$

213*. $\mathcal{L}\{\operatorname{sen} t\} = \frac{1}{s^2+1}$, y $D_s\frac{1}{s^2+1} = \frac{-2s}{(s^2+1)^2}$, entonces $\mathcal{L}^{-1}\left\{\frac{2s}{(s^2+1)^2}\right\} = t \operatorname{sen} t.$

214*. $F(s) = \frac{4s^2}{(s^2+1)^2} = 4\frac{s}{s^2+1}\frac{s}{s^2+1}$ y $\mathcal{L}\{\cos t\} = \frac{s}{s^2+1}$, por lo tanto

$F(s) = \mathcal{L}\{f(t)\} = 4\mathcal{L}\{cos\, t\}\mathcal{L}\{cos\, t\}$, y

$f(t) = 4\left[\mathcal{L}^{-1}\left\{\frac{s}{s^2+1}\right\} * \mathcal{L}^{-1}\left\{\frac{s}{s^2+1}\right\}\right] = 4[\cos t * \cos t] = \int_0^t \cos(t-\tau)\cos\tau\, d\tau$

$f(t) = 2\operatorname{sen} t + 2t\cos t.$

215*. $\frac{e^{-s}}{(s-1)(s-2)} = \frac{-e^{-s}}{s-1} + \frac{e^{-s}}{s-2} = -e^{-s}\mathcal{L}\{e^t\} + e^{-s}\mathcal{L}\{e^{2t}\}$, entonces

$f(t) = \mathcal{L}^{-1}\left\{\frac{e^{-s}}{(s-1)(s-2)}\right\} = -u_1e^{t-1} + u_1e^{2(t-1)}.$

Nota: $\frac{1}{(s-1)(s-2)} = \frac{A}{s-1} + \frac{B}{s-2} = \frac{A(s-2)+B(s-1)}{(s-1)(s-2)}$, entonces $A(s-2) + B(s-1) = 1\ \begin{cases} s = 1, A = -1 \\ s = 2, B = 1 \end{cases}.$

216*. $\mathcal{L}\{y'' + y\} = \mathcal{L}\{2\} = \frac{2}{s}$, o bien $s^2\mathcal{L}y - sy(0) - y'(0) + \mathcal{L}y = \frac{2}{s}$, y con $\begin{cases} y(0) = 0 \\ y'(0) = 3 \end{cases}$

$s^2\mathcal{L}y - 3 + \mathcal{L}y = \frac{2}{s}$, o $(s^2+1)\mathcal{L}y = \frac{2}{s} + 3$, y $\mathcal{L}y = \frac{2}{s(s^2+1)} + \frac{3}{s^2+1}$

$\mathcal{L}y = 2\mathcal{L}1.\mathcal{L}\operatorname{sen} t + 3\mathcal{L}\operatorname{sen} t$ y $y = 2[1 * \operatorname{sen} t] + 3\operatorname{sen} t = 2\int_0^t 1(t-\tau)\operatorname{sen}\tau\, d\tau + 3\operatorname{sen} t$

Finalmente, $y = 2(1-\cos t) + 3\operatorname{sen} t$, que verifica $\begin{cases} y(0) = 0 \\ y'(0) = 3 \end{cases}.$

217*. $\mathcal{L}\{y'' - 4y\} = \mathcal{L}\{0\}$, expandiendo: $s^2\mathcal{L}y - sy(0) - y'(0) - 4\mathcal{L}y = 0$ y con las condiciones $\begin{cases} y(0) = 0 \\ y'(0) = -6 \end{cases}$, $s^2\mathcal{L}y + 6 + 4\mathcal{L}y = 0$ de donde

$\mathcal{L}y = \frac{-6}{s^2-4}$ y $y = \mathcal{L}^{-1}\left\{-3\frac{2}{s^2-2^2}\right\}$ que es $y = -3\,\mathrm{senh}\,2t$, que cumple $\begin{cases} y(0) = 0 \\ y'(0) = -6 \end{cases}$.

218*. $\mathcal{L}\{y'' + 2y' + y\} = \mathcal{L}\{e^t\} = \frac{1}{s-1}$, que es

$s^2\mathcal{L}y - sy(0) - y'(0) + 2[s\mathcal{L}y - y(0)] + \mathcal{L}y = \frac{1}{s-1}$, y con $\begin{cases} y(0) = 0 \\ y'(0) = 0 \end{cases}$

$s^2\mathcal{L}y + 2s\mathcal{L}y + \mathcal{L}y = \frac{1}{s-1}$, que es $(s^2 + 2s + 1)\mathcal{L}y = \frac{1}{s-1}$ y $\mathcal{L}y = \frac{1}{s-1}\frac{1}{s^2+2s+1} = \frac{1}{s-1}\frac{1}{(s+1)^2}$

Por descomposición, $\mathcal{L}y = \frac{\frac{1}{4}}{s-1} - \frac{\frac{1}{4}}{s+1} + \frac{\frac{1}{2}}{(s+1)^2}$ y antitransformando

$y = \frac{1}{4}e^t - \frac{1}{4}e^{-t} + \frac{1}{2}te^{-t}$.

219*. $\mathcal{L}\{y'' - ky'\} = \mathcal{L}\{0\} = 0$, y desarrollando

$s^2\mathcal{L}y - sy(0) - y'(0) - k[s\mathcal{L}y - y(0)] = 0$, y con $\begin{cases} y(0) = 2 \\ y'(0) = k \end{cases}$

$s^2\mathcal{L}y - 2s - k - ks\mathcal{L}y + 2k = 0$, y $\mathcal{L}y = \frac{2}{s-k} + \frac{1}{s} - \frac{1}{s-k}$ y finalmente:

$y = e^{kt} + 1$.

220*. $\mathcal{L}\{9y'' - 6y' + y\} = \mathcal{L}\{0\} = 0$, desarrollando y con $\begin{cases} y(0) = 3 \\ y'(0) = 1 \end{cases}$

$\mathcal{L}y = \frac{27s-9}{9s^2-6s+1} = \frac{3}{s-\frac{1}{3}}$ y $y = 3e^{\frac{t}{3}}$.

Funciones especiales

221. a*) $\frac{\Gamma(2)}{2\,\Gamma(3)} = \frac{\Gamma(2)}{2\,2\Gamma(2)} = \frac{1}{4}.$ b*) $\frac{\Gamma(5/2)}{\Gamma(1/2)} = \frac{(3/2)\Gamma(3/2)}{\Gamma(1/2)} = \frac{(3/2)(1/2)\Gamma(1/2)}{\Gamma(1/2)} = \frac{3}{4}.$

c*) $\frac{6\,\Gamma(8/3)}{5\,\Gamma(2/3)} = \frac{6\,(5/3)\Gamma(5/3)}{5\,\Gamma(2/3)} = \frac{6\,(5/2)(2/3)\Gamma(2/3)}{5\,\Gamma(2/3)} = \frac{4}{3}.$

222. a*) $\int_0^\infty x^3 e^{-x}\,dx = \int_0^\infty x^{4-1} e^{-x}\,dx = \Gamma(4) = 6.$

b*) $\int_0^\infty x^6 e^{-2x}\,dx$, con la sustitución $\begin{cases} 2x = u \\ dx = \frac{du}{2} \end{cases}$, se transforma como

$$\int_0^\infty x^6 e^{-2x}\,dx = \int_0^\infty \left(\frac{u}{2}\right)^6 e^{-u}\frac{du}{2} = \frac{1}{2^7}\int_0^\infty u^6 e^{-u}\,du = \frac{1}{2^7}\Gamma(5) = \frac{3}{2^4}.$$

c*) $\int_0^\infty \sqrt{y}e^{-y^2}\,dy$, con la sustitución $\begin{cases} y^2 = u,\ y = u^{\frac{1}{2}} \\ dy = \frac{1}{2}u^{-\frac{1}{2}}du \end{cases}$, se transforma

como

$$\int_0^\infty \sqrt{y}e^{-y^2}\,dy = \int_0^\infty u^{\frac{1}{4}} e^{-u}\frac{1}{2}u^{\frac{1}{2}}\,du = \frac{1}{2}\int_0^\infty u^{\frac{3}{4}-1}e^{-u}\,du = \frac{1}{2}\Gamma\left(\frac{3}{4}\right).$$

Solución por series de ecuaciones diferenciales

Con el método de las series de potencias, dar la solución alrededor del punto $x_0 = 0$

223. a*) En $y'' + y = 0$, sustituimos $\begin{cases} y = \sum_0 a_m x^m \\ y' = \sum_1 m a_m x^{m-1} \\ y'' = \sum_2 m(m-1)a_m x^{m-2} \end{cases}$ y obtenemos

$\sum_2 m(m-1)a_m x^{m-2} + \sum_0 a_m x^m = 0$, corremos dos unidades el índice de suma en la primera sumatoria, para tenerla en términos de x^m

$\sum_0 (m+2)(m+1)a_{m+2}x^m + \sum_0 a_m x^m = 0$

A continuación reunimos todos los términos en una sola suma de términos x^m

$\sum_0 \overbrace{[(m+2)(m+1)a_{m+2} + a_m]}^{=0} x^m = 0$ y como el segundo miembro es cero, deben ser idénticamente cero los coeficientes de x^m para todo m, o sea

$(m+2)(m+1)a_{m+2} + a_m = 0$, de donde obtenemos la relación de recurrencia de los coeficientes $a_{m+2} = \frac{-a_m}{(m+2)(m+1)}$

como la recurrencia es entre a_m y a_{m+2}, si partimos de a_0 obtenemos los coeficientes pares, y si partimos de a_1, obtenemos los impares:

$a_2 = \frac{-a_0}{2.1}$ $\qquad a_3 = \frac{-a_1}{3.2}$

$a_4 = \frac{-a_2}{4.3} = \frac{a_0}{4.3.2.1}$ $\qquad a_5 = \frac{-a_3}{5.4} = \frac{a_1}{5.4.3.2}$

$a_6 = \frac{-a_4}{6.5} = \frac{-a_0}{6.5.4.3.2.1}$ $\qquad a_7 = \frac{-a_5}{7.6} = \frac{-a_1}{7.6.5.4.3.2}$

Así vemos que $\begin{cases} a_{2n} = \frac{(-)^n a_0}{(2n)!} \\ a_{2n+1} = \frac{(-)^n a_1}{(2n+1)!} \end{cases}$ y entonces $y = \sum_0 a_{2n}x^{2n} + \sum_0 a_{2n+1}x^{2n+1}$ se puede escribir como

$$y = a_0 \sum_0 \frac{(-)^n}{(2n)!} x^{2n} + a_1 \sum_0 \frac{(-)^n}{(2n+1)!} x^{2n+1}$$

Las dos sumatorias, son las respectivas series de Mc Laurin de $\cos x$ y $\operatorname{sen} x$, por lo que podemos escribir la solución en su forma más corriente como

$$y = a_0 \cos x + a_1 \operatorname{sen} x.$$

b*) En $y'' - y = 0$, reemplazamos $\begin{cases} y = \sum_0 a_m x^m \\ y' = \sum_1 m a_m x^{m-1} \\ y'' = \sum_2 m(m-1)a_m x^{m-2} \end{cases}$, para obtener

$\sum_2 m(m-1)a_m x^{m-2} - \sum_0 a_m x^m = 0$

Corriendo índices, $\sum_0 (m+2)(m+1)a_{m+2}x^m - \sum_0 a_m x^m = 0$

Agrupando términos $\sum_0 \left[\underbrace{(m+2)(m+1)a_{m+2} - a_m}_{=0}\right] x^m = 0$

La relación de recurrencia es $a_{m+2} = \frac{a_m}{(m+2)(m+1)}$.

224. a*) En $y'' - 3xy = 0$, sustituimos $\begin{cases} y = \sum_0 a_m x^m \\ y'' = \sum_2 m(m-1)a_m x^{m-2} \end{cases}$, para obtener

$\sum_2 m(m-1)a_m x^{m-2} - 3\sum_0 a_m x^{m+1} = 0,$

en la primera suma avanzamos el índice de suma dos unidades y en la segunda retrocedemos una:

$\sum_0 (m+2)(m+1)a_{m+2}x^m - 3\sum_1 a_{m-1}x^m = 0,$ y agrupamos en una sola suma

$$\sum_0 \left[\underbrace{(m+2)(m+1)a_{m+2} - 3a_{m-1}}_{=0}\right] x^m = 0$$

La relación de recurrencia es $a_{m+2} = \frac{3a_{m-1}}{(m+2)(m+1)}$.

b*) En $y'' - 3xy' - y = 0$, sustituimos $\begin{cases} y = \sum_0 a_m x^m \\ y' = \sum_1 m a_m x^{m-1} \\ y'' = \sum_2 m(m-1)a_m x^{m-2} \end{cases}$, para obtener

$\sum_2 m(m-1)a_m x^{m-2} - 3\sum_1 m a_m x^m - \sum_0 a_m x^m = 0$, y corriendo el índice de la primera suma $\sum_0 (m+2)(m+1)a_{m+2}x^m - 3\sum_1 m a_m x^m - \sum_0 a_m x^m = 0$

previa exclusión de los términos correspondientes a $m = 0$, de la primera y tercera suma, agrupamos todos los restantes términos en una sola suma

$$2.1a_2x^0 - a_0x^0 + \sum_1 [(m+2)(m+1)a_{m+2} - 3ma_m - a_m]\, x^m = 0$$

O bien

$$\underbrace{2a_2 - a_0}_{=0} + \textstyle\sum_1 \left[\underbrace{(m+2)(m+1)a_{m+2} - 3ma_m - a_m}_{=0}\right] x^m = 0$$

Siendo el segundo miembro nulo, debe ser $2a_2 - a_0 = 0$, o bien $a_2 = \frac{a_0}{2}$, y también debe ser nulo el coeficiente de x^m; $(m+2)(m+1)a_{m+2} - 3ma_m - a_m = 0$, de donde obtenemos la relación de recurrencia

$$a_{m+2} = \frac{(3m+1)a_m}{(m+2)(m+1)}, \text{ si } m \geq 1.$$

225. a*) $(x^2+1)y'' - 6y = 0$, con la sustitución $\begin{cases} y = \sum_0 a_m x^m \\ y'' = \sum_2 m(m-1)a_m x^{m-2} \end{cases}$

$\sum_2 m(m-1)a_m x^m + \sum_2 m(m-1)a_m x^{m-2} - 6\sum_0 a_m x^m = 0,$

corriendo índices en la segunda suma

$\sum_2 m(m-1)a_m x^m + \sum_0 (m+2)(m+1)a_{m+2}x^m - 6\sum_0 a_m x^m = 0$

$\sum_2 m(m-1)a_m x^m + \sum_0 (m+2)(m+1)a_{m+2}x^m - 6\sum_0 a_m x^m = 0$

$2.1a_2 + 3.2a_3 x - 6a_0 - 6a_1 x + \sum_2 [m(m-1)a_m + (m+2)(m+1)a_{m+2} - 6a_m]x^m = 0$

$$\underbrace{2a_2 - 6a_0}_{=0} + \underbrace{(6a_3 - 6a_1)}_{=0} x +$$

$$\textstyle\sum_2 \left[\underbrace{m(m-1)a_m + (m+2)(m+1)a_{m+2} - 6a_m}_{=0}\right] x^m = 0$$

Entonces $\begin{cases} a_2 = 3a_0 \\ a_3 = a_1 \end{cases}$, y $a_{m+2} = \frac{a_m[6-(m-1)m]}{(m+2)(m+1)}$, si $m \geq 2$.

b*) $3y'' - xy' + y = x^2 + 2x + 1$,

sustituimos $\begin{cases} y = \sum_0 a_m x^m \\ y' = \sum_1 m a_m x^{m-1} \\ y'' = \sum_2 m(m-1)a_m x^{m-2} \end{cases}$

$3\sum_2 m(m-1)a_m x^{m-2} - \sum_1 m a_m x^m + \sum_0 a_m x^m = x^2 + 2x + 1$

$3\sum_0 (m+2)(m+1)a_{m+2}x^m - \sum_1 ma_m x^m + \sum_0 a_m x^m = x^2+2x+1$

$3.2.1a_2 + a_0 + \sum_1 [3(m+2)(m+1)a_{m+2} - ma_m + a_m]x^m = x^2+2x+1$

$\underbrace{6a_2 + a_0}_{=1} + \sum_1 [3(m+2)(m+1)a_{m+2} - ma_m + a_m]x^m = x^2+2x+1$

Los coeficientes de x^0, deben ser $6a_2 + a_0 = 1$ porque en el segundo miembro figura justamente 1 como coeficiente de x^0.

Por otra parte, si $m = 1$, debe ser $3(3)(2)a_3 - a_1 + a_1 = 2$, porque ese es el coeficiente de x en el segundo miembro. Y cuando sea $m = 2$, tendremos $3(4)(3)a_4 - 2a_2 + a_2 = 1$, porque ese es el coeficiente de x^2 en el segundo miembro, entonces

$\begin{cases} a_2 = \frac{1-a_0}{6} \\ a_3 = \frac{1}{9} \\ a_4 = \frac{1+a_2}{36} \end{cases}$, y $a_{m+2} = \frac{a_m(m-1)}{3(m+2)(m+1)}$, si $m \geq 3$.

226. a) $y'' + xy' - 2y = e^x$, se sustituye $\begin{cases} y = \sum_0 a_m x^m \\ y' = \sum_1 ma_m x^{m-1} \\ y'' = \sum_2 m(m-1)a_m x^{m-2} \\ e^x = \sum_0 \frac{x^m}{m!} \end{cases}$

La ecuación de índices es $a_{m+2} = \frac{a_m(2-m)+\frac{1}{m!}}{(m+2)(m+1)}$.

b) $y''' - 3xy' - y = 0$,

se sustituye $\begin{cases} y = \sum_0 a_m x^m \\ y' = \sum_1 ma_m x^{m-1} \\ y''' = \sum_3 m(m-1)(m-2)a_m x^{m-3} \end{cases}$

$a_3 = \frac{a_0}{6}$, y la ecuación de índices es $a_{m+3} = \frac{a_m(3m+1)}{(m+3)(m+2)(m+1)}$.

227. a*) $y' = cy$, se reemplaza $\begin{cases} y = \sum_0 a_m (x-1)^m \\ y' = \sum_1 ma_m (x-1)^{m-1} \end{cases}$, y se obtiene

$\sum_1 ma_m (x-1)^{m-1} - c\sum_0 a_m (x-1)^m = 0$, y corriendo el índice en la primera suma

$\sum_0 (m+1)a_{m+1}(x-1)^m - c\sum_0 a_m(x-1)^m = 0$, se agrupa todo en una sola suma

$\sum_0 \left[\overbrace{(m+1)a_{m+1} - ca_m}^{=0}\right](x-1)^m = 0$, entonces la relación de recurrencia es

$a_{m+1} = \frac{ca_m}{m+1}$, y $a_1 = \frac{ca_0}{1}$, $a_2 = \frac{ca_1}{2} = \frac{c^2 a_1}{2.1}$, $a_3 = \frac{ca_2}{3} = \frac{c^3 a_0}{3.2.1}$, … $a_m = \frac{c^m a_0}{m!}$

Entonces $y = \sum_0 a_m(x-1)^m = a_0 \sum_0 \frac{c^m}{m!}(x-1)^m$.

b*) $y' + \frac{1}{x}y = 0$, se rescribe como $[(x-1)+1]y' + y = 0$,

que es $(x-1)y' + y' + y = 0$, y con el reemplazo $\begin{cases} y = \sum_0 a_m(x-1)^m \\ y' = \sum_1 ma_m(x-1)^{m-1} \end{cases}$

$\sum_1 ma_m(x-1)^m + \sum_1 ma_m(x-1)^{m-1} + \sum_0 a_m(x-1)^m = 0$, se corre el índice de la segunda suma: $\sum_1 ma_m(x-1)^m + \sum_0 (m+1)a_{m+1}(x-1)^m + \sum_0 a_m(x-1)^m = 0$

Extraemos los términos correspondientes a la potencia cero de las últimas sumas, y agrupamos todo en una sola suma

$\overbrace{a_1 + a_0}^{=0} + \sum_1 \left[\overbrace{ma_m + (m+1)a_{m+1} + a_m}^{=0}\right](x-1)^m = 0$, de donde $a_1 = -a_0$ y

$a_{m+1} = \frac{-a_m(m+1)}{m+1}$.

228. Datos, $\begin{cases} y(0) = a_0 = 1 \\ y'(0) = a_1 = 0 \end{cases}$, $\begin{cases} a_0 = 1 \\ a_3 = \frac{-1}{6} \\ a_5 = \frac{1}{120} \\ a_6 = \frac{1}{180} \end{cases}$.

229. Datos $\begin{cases} a_0 = 0 \\ a_1 = 1 \end{cases}$, $\begin{cases} a_1 = 1 \\ a_2 = \frac{1}{4} \\ a_3 = \frac{-1}{24} \\ a_4 = \frac{-11}{192} \end{cases}$.

230. Datos $\begin{cases} a_0 = -1 \\ a_1 = -1 \end{cases}$, $\begin{cases} a_0 = -1 \\ a_1 = -1 \\ a_2 = \frac{1}{2} \\ a_3 = -\frac{1}{6} \end{cases}$.

231. Datos $\begin{cases} a_0 = 0 \\ a_1 = 0 \end{cases}$, $\begin{cases} a_2 = 1 \\ a_4 = -\frac{1}{48} \\ a_5 = \frac{1}{160} \\ a_3 = \frac{1}{1440} \end{cases}$.

232. $\begin{cases} x = 0, s.i. \\ x = 1, s.r. \\ x = -1, s.r. \end{cases}$.

233. $\begin{cases} x = 0, s.r. \\ x = \frac{2}{3}, s.r. \end{cases}$.

234. a) $\begin{cases} x = 0, s.i. \\ x = 1, s.r. \end{cases}$. b) $\begin{cases} x = 0, s.i. \\ x = -1, s.r. \end{cases}$.

235. $\begin{cases} x = -1, s.r. \\ x = 1, s.r. \end{cases}$.

236. $x = 0, s.r.$

237. a) $v^2 - 1 = 0$. b) $v^2 - 3v - 1 = 0$.

238. a) $v^2 - 3v + 1 = 0$. b) $v^2 - 2v - \lambda^2 = 0$.

239. $v^2 + \lambda = 0$.

240. $\begin{cases} y_1 = x \\ y_2 = |x|^{-\frac{1}{2}} \end{cases}$, es una ecuación de Euler.

241. $\begin{cases} y_1 = |x|^{\frac{1}{3}} \sum_0 a_m x^m = x^{\frac{1}{3}}\left(1 - \frac{1}{5}x\right), a_m = 0, si\ m \geq 2 \\ y_2 = |x|^{-\frac{1}{3}} \sum_0 a_m x^m, a_m = \frac{7-(3m-1)}{(3m-1)^2-1} a_{m-1} \end{cases}$.

242. $\begin{cases} y_1 = x^0 \sum_0 a_m x^m = 1 + 2x + \frac{1}{3}x^2, a_m = 0, si, \geq 3 \\ y_2 = |x|^{\frac{1}{2}} \sum_0 a_m x^m, a_m = \frac{-(2m-5)}{2m(m+1)} a_{m-1}, a_0 = 1 \end{cases}$.

243. $\begin{cases} y_1 = |x|^{\frac{1}{2}} \sum_0 a_m x^m = |x|^{\frac{1}{2}}, a_m = 0, si\ m \geq 1 \\ y_2 = |x|^{\frac{1}{4}} \sum_0 a_m x^m\ ,\ a_m = \frac{4m-5}{4m(4m-1)} a_{m-1},\ a_0 = 1 \end{cases}.$

244. $I(\nu) = \nu\left(\nu - \frac{1}{2}\right), \begin{cases} y_1 = x^0 \sum_0 a_m x^m\ , a_m = \frac{1}{2(2m-1)} \sum_{j=0}^{m-1} \frac{j-8}{4^{m-j}} a_j\ , a_0 = 1 \\ y_2 = |x|^{\frac{1}{2}} \sum_0 a_m x^m\ , a_m = \frac{1}{2(2m+1)} \sum_{j=0}^{m-1} \frac{2j-15}{2.4^{m-j}} a_j \end{cases}.$

245. $I(\nu) = \left(\nu - \frac{1}{2}\right)(\nu + 2)$, es una ecuación de Euler, $y = c_1|x|^{\frac{1}{2}} + c_2|x|^{-2}$.

246. $I(\nu) = \nu\left(\nu - \frac{5}{4}\right)$,
$\begin{cases} y_1 = x^0 \sum_0 a_m x^m\ , a_m = \frac{(-)^m}{2^{2m+1} m(4m-5)} \sum_{j=0}^{m-1} \frac{(-)^j (2j+1)}{4^{-j}} a_j \\ y_2 = |x|^{\frac{5}{4}} \sum_0 a_m x^m\ , a_m = \frac{(-)^m}{4^{m+1} m(4m+5)} \sum_{j=0}^{m-1} (-)^j 4^j (4j+7) a_j \end{cases}.$

Ecuación de Legendre

247*. Partiendo del conjunto $\{1, x. x^2, \ldots\}$, buscamos un conjunto $\{e_1, e_2, e_3, \ldots\}$, ortogonal en $[-1, 1]$. Comenzamos asignando el primer vector dado como $\boxed{e_1 = 1}$, y e_2 se obtiene de x, el segundo vector dado como

$$e_2 = x - \alpha e_1 \text{ y como } e_2. e_1 = x e_1 - \alpha e_1. e_1 = 0; \begin{cases} e_2. e_1 = 0 \\ e_1. e_1 = \int_{-1}^{1} 1.1\, dx = 2 \end{cases}$$

Entonces $\alpha = \frac{x.e_1}{e_1.e_1} = \frac{1}{2}\int_{-1}^{1} x.1\, dx = 0$ y $\boxed{e_2 = x}$.

A continuación, a partir de x^2, el tercer vector dado, obtenemos e_3 como

$e_3 = x^2 - \alpha_1 e_1 - \alpha_2 e_2$, y como

$$e_3. e_1 = x^2 e_1 - \alpha_1 e_1. e_1 - \alpha_2 e_2. e_1 = 0 \begin{cases} e_2. e_1 = 0, e_3. e_1 = 0, e_1. e_1 = 2 \\ \alpha_1 = \frac{x^2.e_1}{e_1.e_1} = \frac{1}{2}\int_{-1}^{1} x^2. 1\, dx \end{cases}$$

$e_3.e_2 = x^2e_2 - \alpha_1 e_1.e_2 - \alpha_2 e_2.e_2 = 0$

$$\begin{cases} e_2.e_1 = 0, e_3.e_1 = 0, e_2.e_2 = \int_{-1}^{1} x.x\,dx = \frac{2}{3} \\ \alpha_2 = \frac{x^2.e_2}{e_2.e_2} = \frac{3}{2}\int_{-1}^{1} x^2.x\,dx = 0 \end{cases}$$

$e_3 = x^2 - \frac{1}{3} - 0x = \boxed{x^2 - \frac{1}{3}}$ y así,

$e_n = x^{n-1} - \alpha_1 e_1 - \alpha_2 e_2 - \alpha_3 e_3 - \cdots - \alpha_{n-1}e_{n-1},$

$$\begin{cases} e_i.e_j = 0, si\ i \neq j, e_i.e_i = \int_{-1}^{1} e_i.e_i\,dx \\ \alpha_j = \frac{x^{n-1}.e_j}{e_j.e_j}, j = 1, \dots, n-1 \end{cases}$$

248. $P_0(x) = 1,\ P_1(x) = x,\ P_2(x) = \frac{3}{2}x^2 - \frac{1}{2}, P_3(x) = \frac{5}{2}x^3 - \frac{3}{2}x.$

249*. Si $n = 1$, $(1 - x^2)P''_1 - 2xP'_1 + 2P_1 = 0$, con $P_1 = x,\ P'_1 = 1,\ P''_1 = 0$, es:

$(1 - x^2)0 - 2x.1 + 2x = 0.$

Si $n = 2$, $(1 - x^2)P''_2 - 2xP'_2 + 6P_2 = 0$, con $P_2 = \frac{3}{2}x^2 - \frac{1}{2},\ P'_2 = 3x,\ P''_2 = 3,$ es:

$(1 - x^2)3 - 2x.3x + 6\left(\frac{3}{2}x^2 - \frac{1}{2}\right) = 0.$

250. a*) P_m y P_n, satisfacen las respectivas ecuaciones de Legendre, entonces

$(1 - x^2)P''_m - 2xP'_m + m(m+1)P_m = 0$ y $(1 - x^2)P''_n - 2xP'_n + n(n+1)P_n = 0$

Multiplicando la primera por P_n y restándole la segunda multiplicada por P_m, tenemos

$(1 - x^2)(P''_m P_n - P''_n P_m) - 2x(P'_m P_n - P'_n P_m) = [n(n+1) - m(m+1)]P_m P_n$

Que podemos expresar como

$[(1 - x^2)(P'_m P_n - P'_n P_m)]'_x = [n(n+1) - m(m+1)]P_m P_n$, que integrado en $[-1, 1]$ es

$\overbrace{(1-x^2)(P_m'P_n - P_n'P_m)|_{-1}^{1}}^{=0} = [n(n+1)-m(m+1)]\int_{-1}^{1} P_mP_n$, de donde se deduce que $P_m(x).P_n(x) = 0$, si $m \neq n$. b) $\|P_n(x)\|^2 = \frac{2}{2n+1}$

251*. La función $F(h,z)$ es: $\sum_0 h^nP_n = \frac{1}{\sqrt{1-2hz+h^2}}$, derivando ambos miembros

$F' = \frac{z-h}{1-2hz+h^2}\frac{1}{\sqrt{1-2hz+h^2}}$ o bien $F' = \frac{z-h}{1-2hz+h^2}F$, y como $F' = \sum nh^{n-1}P_n$

$(1-2hz+h^2)\sum_1 nh^{n-1}P_n = (z-h)\sum_0 h^nP_n$

$\sum_1 nh^{n-1}P_n - \sum_1 2nzh^nP_n + \sum_1 nh^{n+1}P_n = \sum_0 zh^nP_n - \sum_0 h^{n+1}P_n$ y corriendo índices

$\sum_0(n+1)h^nP_{n+1} - \sum_1 2nzh^nP_n + \sum_0(n-1)h^nP_{n-1} = \sum_0 zh^nP_n - \sum_1 h^nP_{n-1}$

$(n+1)P_{n+1} - 2nzP_n + (n-1)P_{n-1} = zP_n - P_{n-1}$, de donde

$(n+1)P_{n+1} - (2n+1)zP_n + nP_{n-1} = 0.$

252*. $F_z' = \frac{h}{1-2hz+h^2}F$, y también $F_z' = \sum_1 h^nP_n'$, entonces

$(1-2hz+h^2)\sum_1 h^nP_n' = h\sum_0 h^nP_n$, o bien

$\sum_1 h^nP_n' - \sum_0 2zh^{n+1}P_n' + \sum_1 h^{n+2}P_n' = \sum_0 h^{n+1}P_n'$, y corriendo índices

$\sum_1 h^nP_n' - \sum_1 2zh^nP_{n-1}' + \sum_3 h^nP_{n-2}' = \sum_1 h^nP_{n-1}'$, de donde

$P_n' - 2zP_{n-1}' + P_{n-2}' = P_{n-1}.$

253*. $f = \sum_0 c_mP_m$, $c_m = \frac{f.P_m}{|P_m|^2} = \frac{2m+1}{2}\int_{-1}^{1} f.P_m$

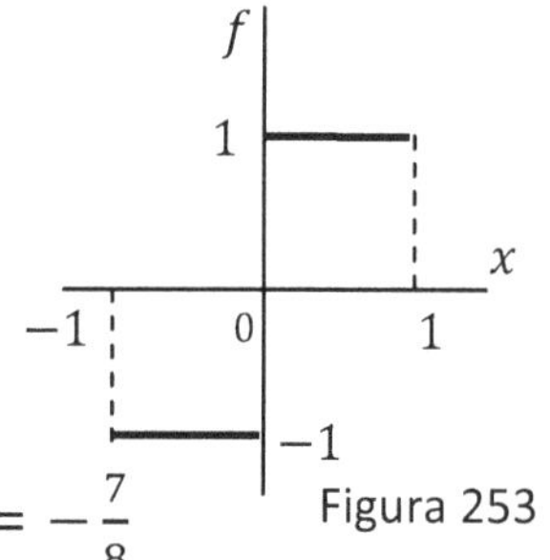

Figura 253

f es impar, por lo que $c_{2m} = 0, \forall m.$

$c_1 = \frac{3}{2}\int_{-1}^{1} f.P = 3\int_0^1 1.x = 3\frac{x^2}{2}\Big|_0^1 = \frac{3}{2}$

$c_3 = \frac{7}{2}\int_{-1}^{1} f.P_3 = 7\int_0^1 1.\left(\frac{5}{2}x^3 - \frac{3}{2}x^2\right) = 7\left(\frac{5}{8}x^4 - \frac{3}{4}x^2\right)\Big|_0^1 = -\frac{7}{8}$

$c_5 = \frac{11}{2}\int_{-1}^{1} f.P_5 = \frac{11}{8}\int_0^1 1.(65x^5 - 70x^3 - 15x) = \frac{11}{8}\left(\frac{65}{6}x^6 - \frac{70}{4}x^4 - \frac{15}{2}x^2\right)\Big|_0^1 =$
$-\frac{935}{48}$

$f = \frac{3}{2}x - \frac{7}{8}x^3 - \frac{935}{48}x^5 - \cdots.$

Ecuación de Bessel

254. a*) $\Gamma(1) = \int_0^\infty e^{-x}dx = -e^{-x}|_0^\infty = 1.$

b*) $\Gamma\left(\frac{1}{2}\right) = \int_0^\infty x^{1-\frac{1}{2}}e^{-x}dx = \int_0^\infty x^{\frac{1}{2}}e^{-x}dx,$

con $\begin{cases} x = u^2 \\ dx = 2udu \end{cases}$, $\Gamma\left(\frac{1}{2}\right) = \int_0^\infty 2e^{-x^2}dx,$

$\left[\Gamma\left(\frac{1}{2}\right)\right]^2 = 4\int_0^\infty e^{-x^2}dx\int_0^\infty e^{-y^2}dy = 4\int_0^\infty\int_0^\infty e^{-(x^2+y^2)}dxdy,$

Sustituyendo $\begin{cases} x^2 + y^2 = r^2 \\ dxdy = rdrd\theta \end{cases}$, $\left[\Gamma\left(\frac{1}{2}\right)\right]^2 = 4\int_{\frac{\pi}{2}}^{0}\int_0^\infty e^{-(x^2+y^2)}rdrd\theta = \pi,$ y $\Gamma\left(\frac{1}{2}\right) = \sqrt{\pi}.$

c*) $\Gamma(n) = \frac{\Gamma(n+1)}{n}$; $\lim_0 \Gamma(n) = \lim_0 \frac{\Gamma(n+1)}{n} - \infty$. Por otra parte;

$\Gamma(0) = \int_0^\infty x^{0-1}e^{-x}dx$ y $\Gamma(0) = \int_0^\infty x^{-1}e^{-x}dx = \int_0^\infty \frac{1}{x}\left(1 + \frac{1}{x} + \frac{1}{2!x^2} + \frac{1}{3!x^3} + \cdots\right)dx = \infty$

255. a*) $J_0 = \sum_0 \frac{(-)^m}{(m!)^2}\left(\frac{x}{2}\right)^{2m}$: $J_0'(x) = \sum_1 \frac{(-)^m 2m}{m!m!2^{2m}}x^{2m-1} = \sum_1 \frac{(-)^m}{(m-1)!m!2^{2m-1}}x^{2m-1},$

y corriendo el índice
$J_0'(x) = \sum_0 \frac{(-)^{m+1}}{m!(m+1)!2^{2m+1}}x^{2m+1} = -\sum_0 \frac{(-)^m}{m!(m+1)!}\left(\frac{x}{2}\right)^{2m+1} = -J_1.$

b*) $J_n = \sum \frac{(-)^m}{m!(m+n)!}\left(\frac{x}{2}\right)^{2m+n}$, entonces $J_{-n} = \sum \frac{(-)^m}{m!(m-n)!}\left(\frac{x}{2}\right)^{2m-n}$,

y corriendo n unidades el índice,

$$J_{-n} = \sum \frac{(-)^{m+n}}{(m+n)!m!}\left(\frac{x}{2}\right)^{2m+n} = (-)^n \sum \frac{(-)^m}{m!(m+n)!}\left(\frac{x}{2}\right)^{2m+n} = (-)^n J_n.$$

c*) $J_p = \sum \frac{(-)^m}{m!(m+p)!}\left(\frac{x}{2}\right)^{2m+p}$, y $x^{-p}J_p = \sum \frac{(-)^m}{m!(m+p)!}\frac{x^{2m}}{2^{2m+p}}$, de donde

$$\left[x^{-p}J_p(x)\right]' = \sum \frac{(-)^m 2m}{m!(m+p)!}\frac{x^{2m-1}}{2^{2m+p}},$$

corriendo el índice m y multiplicando por $(x^p.x^{-p})$

$$\left[x^{-p}J_p(x)\right]' = \sum \frac{(-)^{m+1}x^{-p}2m}{(m+1)!(m+p+1)!}\frac{x^{2m+p-1}}{2^{2m+p+2}} = -x^{-p}\sum \frac{(-)^m}{m!(m+p+1)!}\left(\frac{x}{2}\right)^{2m+p+1} = -x^{-p}J_{p+1}.$$

256. a*) $J_{p+1} = \frac{2p}{x}J_p - J_{p-1}\begin{cases} si\ p = 1, J_2 = \frac{2}{x}J_1 - J_0 \\ si\ p = 2, J_3 = \frac{4}{x}J_2 - J_1 = \frac{4}{x}\left(\frac{2}{x}J_1 - J_0\right) - J_1 \end{cases}$

$$J_3 = \left(\frac{8}{x^2} - 1\right)J_1 - \frac{4}{x}J_0.$$

b*) $J_{p+1} = \frac{2p}{x}J_p - J_{p-1}$, con $p = 3$: $J_4 = \frac{6}{x}J_3 - J_2 = \frac{6}{x}\left[\left(\frac{8}{x^2} - 1\right)J_1 - \frac{4}{x}J_0\right] - J_2$

$$J_4 = \left(\frac{48}{x^3} - \frac{6}{x^2} - \frac{2}{x}\right)J_1 - \left(\frac{24}{x^2} - 1\right)J_0.$$

257*. $F(h,z) = \sum h^k J_k(z) = e^{\left[\frac{z}{2}\left(h-\frac{1}{h}\right)\right]}$,

con $z = x + y$: $\sum h^k J_k(x+y) = e^{\left[\frac{x+y}{2}\left(h-\frac{1}{h}\right)\right]}$

$$\sum h^k J_k(x+y) = e^{\left[\frac{x}{2}\left(h-\frac{1}{h}\right)\right]}e^{\left[\frac{y}{2}\left(h-\frac{1}{h}\right)\right]} = \sum h^k J_k(x)\sum h^k J_k(y) = \sum h^k\left\{\sum_0^k J_j(x)\, J_{k-j}(y)\right\}$$

y por lo tanto $J_k(x+y) = \sum_0^k J_j(x)\, J_{k-j}(y)$.

258. $J_0(x)$, satisface $x^2J_0'' + xJ_0' + x^2J_0 = \sum(-)^m\left[\frac{4m^2-2m+2m-2^2m^2}{(m!)^2}\right]\left(\frac{x}{2}\right)^m = 0$.

259. a*) $J_0 = \frac{1}{(0!)^2}\left(\frac{x}{2}\right)^0 - \frac{1}{(1!)^2}\left(\frac{x}{2}\right)^2 + \frac{1}{(2!)^2}\left(\frac{x}{2}\right)^4 - \frac{1}{(3!)^2}\left(\frac{x}{2}\right)^6 + \cdots$.

b*) $J_1 = \frac{1}{0!1!}\left(\frac{x}{2}\right) - \frac{1}{1!2!}\left(\frac{x}{2}\right)^3 + \frac{1}{2!3!}\left(\frac{x}{2}\right)^5 - \frac{1}{3!4!}\left(\frac{x}{2}\right)^7 + \cdots$.

260*. En $x^2y'' + xy' + (\lambda^2x^2 - v^2)y = 0$ sustituimos $\begin{cases}\lambda x = z, z_x = \lambda \\ y' = y_z z_x = \lambda y_z \\ y'' = \lambda^2 y_{zz}\end{cases}$,

$\lambda^2x^2y_{zz} + \lambda xy_z + (\lambda^2x^2 - v^2)y = 0$ o bien

$z^2y_{zz} + zy_z + (z^2 - v^2)y = 0$, que tiene solución $y = J_{\pm v}(z)$, entonces

$y(x) = AJ_v(\lambda x) + BJ_{-v}(\lambda x)$.

261*. En $4x^2y'' + 4xy' + (x - v^2)y = 0$,

Sustituimos $\begin{cases} z = x^{\frac{1}{2}}, z_x = \frac{1}{2}x^{-\frac{1}{2}} = \frac{1}{2}z^{-1} \\ y' = y_z z_x = \frac{1}{2}z^{-1}y_z \\ y'' = \left(\frac{1}{2}z^{-1}y_z\right)_z \frac{1}{2}x^{-\frac{1}{2}} = -\frac{1}{4}x^{-\frac{3}{2}}y_z + \frac{1}{4}x^{-1}y_{zz}\end{cases}$ y obtenemos

$z^2y_{zz} + zy_z + (z^2 - v^2)y = 0$, que tiene solución $y = J_{\pm v}(z)$, entonces

$y(x) = AJ_v(\sqrt{x}) + BJ_{-v}(\sqrt{x})$.

262*. En $x^2y'' + xy' + 4(x^4 - v^2)y = 0$,

sustituimos $\begin{cases} x^2 = z, z_x = 2x \\ y' = y_z z_x = 2xy_z \\ y'' = 2(xy_z)_z z_x = (x_z y_z + xy_{zz})4x: \;\; x_z = \frac{1}{2}z^{-\frac{1}{2}} = \frac{1}{2x}\end{cases}$ y se tiene

$z^2y_{zz} + zy_z + (z^2 - v^2)y = 0$, que tiene solución $y = J_{\pm v}(z)$, entonces

$y(x) = AJ_v(x^2) + BJ_{-v}(x^2)$.

263*. En $xy'' - y' + xy = 0$, se sustituye $\begin{cases} y = xu \\ y' = u + xu_x \\ y'' = u_x + u_x + xu_{xx} \end{cases}$, para obtener

$x^2u_{xx} + xu_z + (x^2 - 1)u = 0$, que tiene solución $u = J_{\pm 1}(u)$, entonces

$u(x) = AJ_1(x) + BJ_{-1}(x)$, $y(x) = xu$,

entonces $y(x) = AxJ_1(x) + BxJ_{-1}(x)$.

Problema de Sturm-Liouville

264*. $y'' + y = 0 \qquad y(0) = 1 \qquad y(\pi) = -1$

$y = A\cos x + B\operatorname{sen} x$, con $y(0) = 1$

$y(0) = \boxed{A = 1}$, entonces $y = \cos x + B\operatorname{sen} x$, y con $y(\pi) = -1$

$y(\pi) = \cos\pi + B\operatorname{sen}\pi = -1$, por lo que $y(x) = \cos x + B\operatorname{sen} x$, con B arbitraria.

265*. $y'' + \lambda y = 0 \qquad y'(0) = 0 \qquad y'(\pi) = 0$

$y = A\cos\sqrt{\lambda}x + B\operatorname{sen}\sqrt{\lambda}x$, y $y' = \sqrt{\lambda}\left(-A\operatorname{sen}\sqrt{\lambda}x + B\cos\sqrt{\lambda}x\right)$,

con $y'(0) = 0$,

$y'(0) = \sqrt{\lambda}B = 0$, entonces $y' = -\sqrt{\lambda}A\operatorname{sen}\sqrt{\lambda}x$, y con $y'(\pi) = 0$,

$y'(\pi) = -\sqrt{\lambda}A\operatorname{sen}\sqrt{\lambda}\pi = 0, \begin{cases} A = 0, sol.tirvial \\ \sqrt{\lambda}\pi = n\pi, \lambda_n = n^2, n = 1,2,3,.. \end{cases}$

$y_n(x) = A_n\cos\sqrt{\lambda_n}x$.

266. $y'' + \lambda y = 0 \qquad y(0) = 0 \qquad y'(L) = 0$

$y_n(x) = B_n\operatorname{sen}\sqrt{\lambda_n}x$, $\sqrt{\lambda_n} = \frac{\pi}{2L}(1 + 2n)$.

267. $y'' + \lambda y = 0 \qquad y(0) = 0 \qquad y(1) = 0$

$y_n(x) = B_n \operatorname{sen} \sqrt{\lambda_n} x, \ \ \sqrt{\lambda_n} = (n\pi)^2.$

268*. $y'' + \lambda y = 0 \qquad y(0) = 0 \qquad y'(L) + cy(L) = 0$

$y = A \cos \sqrt{\lambda} x + B \operatorname{sen} \sqrt{\lambda} x$, con $y(0) = 0$, $y = A = 0$ por lo que

$y = B \operatorname{sen} \sqrt{\lambda} x$, entonces $y' = \sqrt{\lambda} B \cos \sqrt{\lambda} x$, y con $y'(L) + cy(L) = 0$

$y'(L) + cy(L) = B\left(\sqrt{\lambda} \cos \sqrt{\lambda} L + c \operatorname{sen} \sqrt{\lambda} L\right) = 0$, entonces: $\tan \sqrt{\lambda} L = -\frac{\sqrt{\lambda}}{c}$, que no tiene solución algebraica, si $\sqrt{\lambda} L = u$, se tiene $\sqrt{\lambda} = \frac{u}{L}$, y $\tan u = -\frac{1}{cL} u$. En la figura 268, se observa las intersecciones de la recta $-\frac{1}{cL}$ con $\tan u$.

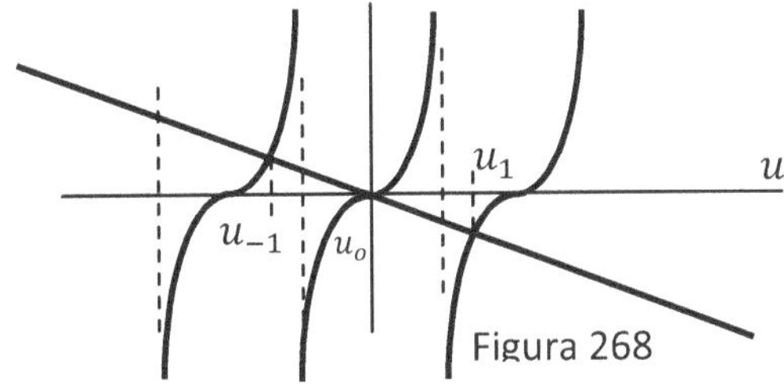

Figura 268

269. a) $y'' + 9y = 0 \qquad y'(0) = 0 \qquad y'(\pi) = 0$

$y = A \cos 3x.$

b) $y'' + 9y = 0 \qquad y(0) = 0 \qquad y(\pi) = 0$

$y = B \operatorname{sen} 3x.$

c) $y'' + 9y = 0 \qquad y(0) = 0 \qquad y(\pi) = 1$

No hay solución: $y(\pi) = B \operatorname{sen} 3\pi = 1.$

270. a) $y'' + \lambda y = 0 \qquad y(0) = 0 \qquad y'(1) = 0$

$y_n(x) = B_n \operatorname{sen} \sqrt{\lambda_n} x, \sqrt{\lambda_n} = \frac{\pi}{2} + n\pi.$

b) $y'' + \lambda y = 0 \qquad y'(0) = 0 \qquad y'(1) = 0$

$y_n(x) = A_n \cos\sqrt{\lambda_n}x,\ \sqrt{\lambda_n} = n\pi.$

c) $y'' + \lambda^2 y = 0$ $\qquad y(-\pi) = y(\pi),\ y'(-\pi) = y'(\pi)$

$y = A\cos\lambda x + B\operatorname{sen}\lambda x$, con la pirmera condicion

$$y(-\pi) = A\cos\lambda\pi - B\operatorname{sen}\lambda\pi = A\cos\lambda\pi + B\operatorname{sen}\lambda\pi = y(\pi)$$

$-B\operatorname{sen}\lambda\pi = B\operatorname{sen}\lambda\pi$, debe ser $\lambda = n$, $y_n(x) = A\cos nx + B\operatorname{sen} nx.$

271*. $Ly = \lambda y$, es $-D^2 y = \lambda y$, o bien $(D^2 + \lambda)y = 0$, eso es

$(D + i\sqrt{\lambda})(D - i\sqrt{\lambda})y = 0$, entonces $y = A\cos\sqrt{\lambda}x + B\operatorname{sen}\sqrt{\lambda}x$,

y con $\begin{cases} y(0) = 0 \\ y(\pi) = 0 \end{cases}$'

$y(0) = A = 0$, con lo que $y = B\operatorname{sen}\sqrt{\lambda}x$, $y(\pi) = B\operatorname{sen}\sqrt{\lambda}\pi = 0$, entonces para obviar la solución trivial $B = 0$, debe ser $\sqrt{\lambda}\pi = n\pi$, y $\lambda_n = n^2$, $n = 1, 2, 3, \ldots$ y las funciones propias son $\varphi_n = \operatorname{sen} nx$.

272*. De $L = D^2 + \frac{1}{x}D + 1 \begin{cases} p = e^{\int \frac{a_1}{a_2}} = e^{\int \frac{1}{x}} = x \\ q = \frac{a_0}{a_2}p = \frac{1}{x}x = 1 \end{cases}$, $L = D(xD) + 1.$

273*. $L = \cos x\, D^2 + \operatorname{sen} x\, D - 1,\ \begin{cases} p = e^{\int \frac{a_1}{a_2}} = e^{\int \frac{\operatorname{sen} x}{\cos x}} = \dfrac{1}{\cos x} \\ q = \dfrac{a_0}{a_2}p = \dfrac{-1}{\cos x}\dfrac{1}{\cos x} = \dfrac{-1}{\cos^2 x} \end{cases}$,

$L = D(\cos x\, D) - \frac{1}{\cos^2 x}.$

274. $L = D(xD) + \frac{x^2 - p^2}{x}.$

275. $L = D[(1 - x^2)D] + n(n + 1).$

276*. En $y'' = x(x - 2\pi)$, el operador es $L = D^2$, entonces $Ly = \lambda y$

es el problema homogéneo $D^2 y = \lambda y$, o bien $(D^2 - \lambda)y = 0$,

y debe ser $\lambda < 0$,

entonces $y = A\cos\sqrt{\lambda}x + B\,\text{sen}\sqrt{\lambda}x$ y con $\begin{cases} y(0) = 0 \\ y'(\pi) = 0 \end{cases}$, $y(0) = A = 0$, y

$y = B\,\text{sen}\sqrt{\lambda}x$, de donde $y' = B\cos\sqrt{\lambda}x$, con la segunda condición,

$y'(\pi) = B\cos\sqrt{\lambda}x = 0$, entonces $\lambda_n = \left(\frac{2n+1}{2}\right)^2$, $\lambda_0 \neq 0$ y $\varphi_n = \text{sen}\left(\frac{2n+1}{2}\right)x$.

Entonces, si proponemos $y = \sum \alpha_n\varphi_n$, tratamos de resolver $Ly = h$, como $L(\sum \alpha_n\varphi_n) = \sum c_n\varphi_n$, en el supuesto de que $h = \sum c_n\varphi_n$ converge. Asi $\sum L(\alpha_n\varphi_n) = \sum c_n\varphi_n$ o bien $\sum \alpha_n\lambda_n\varphi_n = \sum c_n\varphi_n$, de donde $\boxed{\alpha_n = \frac{c_n}{\lambda_n}}$.

Los c_n, son coeficientes de Fourier, $c_n = \frac{h.\varphi_n}{\|\varphi_n\|^2}$, con $\boxed{\|\varphi_n\|^2 = \int_0^\pi \text{sen}^2\left(\frac{2n+1}{2}\right)x = \frac{\pi}{2}}$.

Por otra parte: $h.\varphi_n = \int_0^\pi x^2\,\text{sen}\left(\frac{2n+1}{2}\right)x - 2\pi\int_0^\pi x\,\text{sen}\left(\frac{2n+1}{2}\right)x$

$h.\varphi_n = \left(\frac{2\pi}{a^2} - \frac{2}{a^3}\right) - 2\pi\left(\frac{1}{a^2}\right) = \frac{-2}{a^3}$, $a = \frac{2n+1}{2}$, de donde $\boxed{c_n = \frac{h.\varphi_n}{\|\varphi_n\|^2} = \frac{-4}{\pi\left(\frac{2n+1}{2}\right)^3}}$

y como $\alpha_n = \frac{c_n}{\lambda_n}$, $\alpha_n = \frac{-4}{\pi\left(\frac{2n+1}{2}\right)^3\left(\frac{2n+1}{2}\right)^{3^2}} = \frac{-128}{\pi(2n+1)^5}$ con lo que $y = \sum \alpha_n\varphi_n$, es

$y = \frac{128}{\pi}\sum_0 \frac{\text{sen}\left(\frac{2n+1}{2}\right)x}{(2n+1)^5}$. 277. $y = \frac{-128}{\pi}\sum_0 (-)^n\frac{\cos(2n+1)x}{(2n+1)^5}$.

278. No hay solución; $\lambda_n = \left(\frac{n\pi}{L}\right)^2$, $\lambda_0 = 0$, y $c_0 = \frac{1}{L}\int_0^L \sin\frac{\pi}{L}x \neq 0$.

279. $y = \frac{2L^2}{\pi^2}\sum_0 (-)^{n+1}\frac{\text{sen}\left(\frac{2n+1}{2}\right)\frac{\pi}{L}x}{\left(n+\frac{1}{2}\right)^3\left(n-\frac{3}{2}\right)}$.

280. $y = \sum_1 \left[\frac{-4(-)^{p+1}}{\pi(2p-1)^4} + \frac{1}{(2p-1)^3}\right]\text{sen}(2p-1)x + \left[\frac{-1+(-)^{p+1}}{8p^3}\right]\text{sen}\,2px$

281. a) No hay solución; $\lambda_n = 4n^2$, $\lambda_0 = 0$, y $c_0 = -\frac{1}{2} \neq 0$.

b*) $y'' = -h(x)$, con $\begin{cases} y(0) = y(2\pi) \\ y'(0) = y'(2\pi) \end{cases}$, tiene como solución

$y(x) = A\cos\sqrt{\lambda}x + B\,\text{sen}\sqrt{\lambda}x$, y con la primera condición:

$y(0) = A = A\,cos\sqrt{\lambda}2\pi + B\,sen\sqrt{\lambda}2\pi = y(2\pi)$,

de donde $\sqrt{\lambda 2}\pi = 2n\pi$, y $\lambda_n = n^2$

Además, $y'(0) = \sqrt{\lambda}B = -\sqrt{\lambda}A\,\text{sen}\sqrt{\lambda}2\pi + \sqrt{\lambda}B\cos\sqrt{\lambda}2\pi = y'(2\pi)$,

que es la segunda condición y nuevamente $\lambda_n = n^2$, con $\lambda_0 = 0$, entonces

$\{\varphi_n\} = \{1, \cos x, \cos 2x, \dots, \text{sen}\, x, \text{sen}\, 2x, \dots\}$, $\|\varphi_0\|^2 = \int_0^{2\pi} 1 = 2\pi$, $\|\varphi_n\|^2 = \pi$, si $n \neq 0$.

El coeficiente $c_n = \frac{-h.\varphi_n}{\|\varphi_n\|^2}$ en $-h = \sum c_n\varphi_n$, $c_0 = \frac{1}{2\pi}\int_0^{2\pi} -h.1 \begin{cases} = 0 \\ \neq 0 \end{cases}$,

si $c_0 = 0$, y $\lambda_0 = 0$, hay solución de la forma

$$y = C + \sum_1 (a_n \cos nx + b_n\,\text{sen}\, nx) \begin{cases} a_n = \frac{1}{\pi}\int_0^{2\pi} -h.\cos nx \\ b_n = \frac{1}{\pi}\int_0^{2\pi} -h.\,\text{sen}\, nx \end{cases}.$$

Si $\int_0^{2\pi} -h \neq 0$, $c_0 \neq 0$ y $\lambda_0 = 0$, no hay solución.

282. $\lambda_n = n^2 - 1$, $\{\varphi_n\} = \{\text{sen}\, nx\}$.

283. $\lambda_n = 1 - n^2\pi^2$, $\{\varphi_n\} = \{\cos\sqrt{1-\lambda_n}\} = \{\cos n\pi x\}$.

284. $\lambda_n = -n^2\pi^2$, $\{\varphi_n\} = \{e^{-x}\,\text{sen}\, n\pi x\}$.

285. $\lambda_n = -n^2$, $\{\varphi_n\} = \{e^{2x}\,\text{sen}\, nx\}$.

Conjuntos ortogonales de funciones

286*. $\|f\| = \sqrt{\int_0^1 x^2} = \frac{\sqrt{3}}{3}$, $\|g\| = \sqrt{\int_0^1 (1-x^2)^2} = \sqrt{\frac{8}{15}}$, $f.g = \int_0^1 x(1-x^2) = \frac{1}{4}$.

287. $\|f\| = \frac{\sqrt{3}}{3}$, $\|g\| = \frac{\sqrt{3}}{3}$, $f.g = \frac{1}{6}$.

288. $\|f\| = \frac{\sqrt{2}}{2}$, $\|g\| = \frac{\sqrt{2}}{2}$, $f.g = \frac{1}{\pi}$.

289. $\|f\| = \left(\frac{e^2-1}{2}\right)^{\frac{1}{2}}$, $\|g\| = \left(\frac{1}{2} - \frac{\operatorname{sen} 2}{4}\right)^{\frac{1}{2}} + \frac{1}{2}$, $f.g = \frac{e(\operatorname{sen} 1 - \cos 1)}{2} + \frac{1}{2}$.

290. $\|f\| = \frac{\sqrt{12}}{12}$, $\|g\| = \frac{\sqrt{2}}{2}$, $f.g = \frac{5}{24}$.

291*. $f.g.w = \int_0^1 (1-2x)\, e^{-x} e^x = x - x^2|_0^1 = 0.$

292*. $f.g.w = \int_0^1 x^2 e^x e^x = \int_0^1 x^2 e^{2x} = \frac{e^{2x}}{2}\left(x^2 - x + \frac{1}{2}\right)\Big|_0^1 = \frac{e^2-1}{4}$

293. $f.g.w = 3 - e.$

294. $f.g.w = \frac{2\pi e - 4}{\pi^2+4}$.

295*. $f.g.w = \int_0^1 e^{-x} \operatorname{sen}\frac{\pi}{2}x \cos 3\frac{\pi}{2}x\, e^x = 0$

296*. $\{x_1, x_2\} = \{e^x, e^{-x}\}$: $\boxed{e_1 \equiv x_1 = e^x}$, $\|e_1\|^2 = \int_0^1 (e^x)^2 = \frac{e^2-1}{2}$.

$e_2 = x_2 - \alpha e_1$, y $\alpha = \frac{x_2.e_1}{\|e_1\|^2} = \frac{\int_0^1 e^{-x}e^x}{\|e_1\|^2} = \frac{2}{e^2-1}\int_0^1 1 = \frac{2}{e^2-1}$,

$\boxed{e_2 = e^{-x} - \frac{2}{e^2-1}e^x}$.

297*. $\{x_1, x_2\} = \{e^x, e^{2x}\}$: $\boxed{e_1 \equiv x_1 = e^x}$, $\|e_1\|^2 = \int_0^1 (e^x)^2 = \frac{e^2-1}{2}$

$e_2 = x_2 - \alpha e_1$, y $\alpha = \frac{x_2.e_1}{\|e_1\|^2} = \frac{\int_0^1 e^x e^{2x}}{\|e_1\|^2} = \frac{2}{e^2-1}\int_0^1 e^{3x} = \frac{e}{e^2-1}\frac{e^3-1}{3}$,

$\boxed{e_2 = e^{2x} - \frac{2}{3}\frac{e^2+e+1}{e+1}e^x}$.

298*. $\{x_1, x_2, x_3\} = \{1, 2x, e^x\}$: $\boxed{e_1 \equiv x_1 = 1}$, $\|e_1\|^2 = \int_0^1 1^2 = 1$

$e_2 = x_2 - \alpha e_1$, y $\alpha = \frac{x_2.e_1}{\|e_1\|^2} = \frac{\int_0^1 2x}{\|e_1\|^2} = \frac{\int_0^1 2x}{1} = 1$, y $\boxed{e_2 = 2x - 1}$,

$\|e_2\|^2 = \int_0^1 (2x-1)^2 = \frac{1}{3}$, $\qquad e_3 = x_3 + \alpha_1 e_1 - \alpha_2 e_2$

$$\begin{cases} \alpha_1 = \frac{x_3.e_1}{\|e_1\|^2} = \frac{\int_0^1 e^x}{1} = e - 1 \\ \alpha_2 = \frac{x_3.e_2}{\|e_2\|^2} = \frac{\int_0^1 e^x(2x-1)}{1/3} = 9 - 3e \end{cases},$$

$\boxed{e_3 = e^x - (e-1).1 - (9-3e)(2x-1)}$.

Ecuaciones diferenciales en derivadas parciales

299. a*) En $u'_x - u'_y = 0$, sustituimos $u(x,y) = X(x)Y(y)$ $\begin{cases} u'_x = X'Y \\ u'_y = XY' \end{cases}$,

$X'Y - XY' = 0$, y separando variables, $\frac{X'}{X} = \frac{Y'}{Y} = k$, de donde $\begin{cases} X' - kX = 0 \\ Y' - kY = 0 \end{cases}$

con soluciones $\begin{cases} X = c_1 e^{kx} \\ Y = c_2 e^{ky} \end{cases}$ y $u(x,y) = X(x)Y(y) = Ce^{k(x+y)}$.

b*) En $u'_x + u'_y = 0$, sustituimos $u(x,y) = X(x)Y(y)$ $\begin{cases} u'_x = X'Y \\ u'_y = XY' \end{cases}$,

$X'Y + XY' = 0$, y separando variables, $\frac{X'}{X} = -\frac{Y'}{Y} = k$, de donde $\begin{cases} X' - kX = 0 \\ Y' + kY = 0 \end{cases}$

con soluciones $\begin{cases} X = c_1 e^{kx} \\ Y = c_2 e^{-ky} \end{cases}$ y $u(x,y) = X(x)Y(y) = Ce^{k(x-y)}$.

c*) En $xu'_x - yu'_y = 0$, sustituimos $u(x,y) = X(x)Y(y) \begin{cases} u'_x = X'Y \\ u'_y = XY' \end{cases}$,

$xX'Y - yXY' = 0$, y separando variables, $\frac{xX'}{X} = -\frac{yY'}{Y} = k$,

de donde $\begin{cases} xX' - kX = 0 \\ yY' + kY = 0 \end{cases}$

que son ecuaciones de Euler con soluciones $\begin{cases} X = c_1 x^k \\ Y = c_2 y^{-k} \end{cases}$,

y $u(x,y) = X(x)Y(y) = C\left(\frac{x}{y}\right)^k$.

300. a) $u(x,y) = C(ye^x)^k$. b) $u(x,y) = Ce^{\frac{k}{2}\left(\frac{x^2}{a}+\frac{y^2}{b}\right)}$.
c) $u(x,y) = Ce^{kx+x^2}e^{-ky+y^2}$.

301. a) $u(x,y) = (A\cos\lambda x + B\operatorname{sen}\lambda x)\left(c_1 e^{\lambda x} + c_2 e^{-\lambda x}\right)$.

b) $u(x,y) = Ce^{\left(\lambda x + \frac{1}{\lambda}y\right)}$. c) $u(x,y) = Ce^{-\frac{k}{x}}e^{-\frac{y^3}{k}}$.

302*. $3u'_x + 2u'_y = 0$, con $u(x,0) = 4e^{-x}$. La solución general es

$u(x,y) = Ce^{\lambda\frac{x}{3}}e^{-\lambda\frac{y}{2}}$, que con la condición $u(x,0) = 4e^{-x}$, es

$u(x,0) = Ce^{\lambda\frac{x}{3}} = 4e^{-x}$, de donde $\begin{cases} C = 4 \\ \frac{\lambda}{3} = -1,\ \lambda = -3 \end{cases}$, y $u(x,y) = 4e^{-x}e^{-\frac{3}{2}y}$

303. $u(x,y) = 8e^{-3(4x+y)}$.

304*. $u'_x = 2u'_y + u$, con $u(x,0) = 3e^{-5x} + 2e^{-3x}$. tiene como solución general $u(x,y) = Ae^{\lambda x}e^{\left(\frac{\lambda-1}{2}\right)y}$, que por el principio de superposición, podemos escribir $u(x,y) = \sum_0 A_j e^{\lambda_j x}e^{\left(\frac{\lambda_j-1}{2}\right)y}$, y con la condición $u(x,0) = 3e^{-5x} + 2e^{-3x}$

$u(x,0) = A_1 e^{\lambda_1 x} + A_2 e^{\lambda_2 x} = 3e^{-5x} + 2e^{-3x}$, de donde $\begin{cases} A_1 = 3, \lambda_1 = -5 \\ A_2 = 2, \lambda_2 = -3 \end{cases}$, y $u(x,y) = 3e^{-5x}e^{-3y} + 2e^{-3x}e^{-2y}$.

305. $u(x,y) = 8e^{-2(3t+x)}$.

306*. En $u'_t = 4u''_{xx}$, con $\begin{cases} u(0,t) = u(\pi,t) = 0 \\ u(x,0) = 2\,sen\,3x - 4\,sen\,5x \end{cases}$, sustituimos

$u(x,t) = X(x)T(t)$, para obtener $X'T = 4X''T$, y separando variables

$\frac{T'}{4T} = \frac{X''}{X} = -\lambda^2$, o bien $\begin{cases} X'' + \lambda'' X = 0 \\ T' + (2\lambda)^2 T = 0 \end{cases}$, con soluciones $\begin{cases} X(x) = A\cos\lambda x + B\,\text{sen}\,\lambda x \\ T(x) = Ce^{-(2\lambda)^2 t} \end{cases}$

Con las condiciones de frontera $u(0,t) = u(\pi,t) = 0$, $X(x) = A\cos\lambda x + B\,\text{sen}\,\lambda x$,

es $X(0) = A = 0$ y $X(x) = B\,\text{sen}\,\lambda x$, que con $X(\pi) = B\,\text{sen}\,\lambda\pi = 0$, requiere $\lambda = n$, o

bien, $\lambda_n = n$, $n = 1, 2, 3, ...$, entonces $X_n(x) = B_n\,\text{sen}\,nx = 0$.

Siendo $u(x,t) = X(x)T(t)$, se tiene $u_n(x,y) = X_n(x)T_n(t)$, y $u(x,t) = \sum p_n u_n$,

con $p_n = B_n C$. Entonces $u(x,t) = \sum p_n\,\text{sen}\,nx\,e^{-(2n)^2 t}$, que con la condición

inicial, $u(x,0) = 2\,\text{sen}\,3x - 4\,\text{sen}\,5x$, es $\begin{cases} p_3 = \ \ 2 \\ p_5 = -4 \end{cases}$, y $u(x,t)$ es

$u(x,t) = 2\,\text{sen}\,3x\,e^{-(2.3)^2 t} + (-4)\,\text{sen}\,5x\,e^{-(2.5)^2 t} = 2\,\text{sen}\,3x\,e^{-36t} - 4\,\text{sen}\,5x\,e^{-100t}$.

307. $u(x,t) = 8\cos 3\frac{\pi}{4}x\,e^{-\left(3\frac{\pi}{4}\right)^2 t} - 6\cos 9\frac{\pi}{4}x e^{-\left(9\frac{\pi}{4}\right)^2 t}$.

308. $u(x,t) = 6\,\text{sen}\frac{\pi}{2}x\,e^{-\left(\frac{\pi}{2}\right)^2 t} + 3\,\text{sen}\,\pi x\,e^{-\pi^2 t}$.

309. a*) En $u'_t = u''_{xx}$, es $\begin{cases} A = 1 \\ B = C = 0 \end{cases}$, y $\Delta = B^2 - 4AC = 0$, parabólica.

b*) En $u''_{tt} + u''_{xx} = 0$, es $\begin{cases} A = C = 1 \\ B = 0 \end{cases}$, y $\Delta = B^2 - 4AC < 0$, elíptica.

310. a*) En $u''_{xx} + u''_{xy} - 6u''_{yy} = 0$, $\begin{cases} A = B = 1 \\ C = -6 \end{cases}$, $\Delta = B^2 - 4AC > 0$, hiperbólica.

b*) $u''_{xx} + 6u''_{xy} + 9u''_{yy} = 0$, $\begin{cases} A = 1 \\ B = 6, \\ C = 9 \end{cases}$ $\Delta = B^2 - 4AC = 0$, parabólica.

311*. En $(x^2 - 1)u''_{xx} + 2yu''_{xy} - u''_{yy} = 0$ se tiene $\begin{cases} A = x^2 - 1 \\ B = 2y \\ C = -1 \end{cases}$, $\Delta = B^2 - 4AC$

$\Delta = (2y)^2 - x(x^2 - 1)(-1) = 4(x^2 + y^2 - 1)$,

$\Delta < 0$, si $x^2 + y^2 < 1$, elíptica

$\Delta = 0$, si $x^2 + y^2 = 1$, parabólica

$\Delta > 0$, si $x^2 + y^2 > 1$, hiperbólica

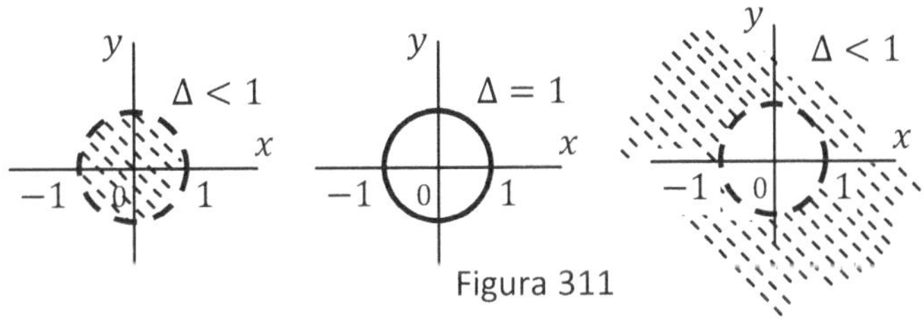

Figura 311

312*. En $u''_{xx} + xu''_{xy} + yu''_{yy} - xyu'_x = 0$, se tiene $\begin{cases} A = 1 \\ B = x, \\ C = y \end{cases}$ $\Delta = x^2 - 4y$

$\Delta < 0$, si $y > \left(\frac{x}{2}\right)^2$

$\Delta = 0$, si $y = \left(\frac{x}{2}\right)^2$

$\Delta > 0$, si $y < \left(\frac{x}{2}\right)^2$

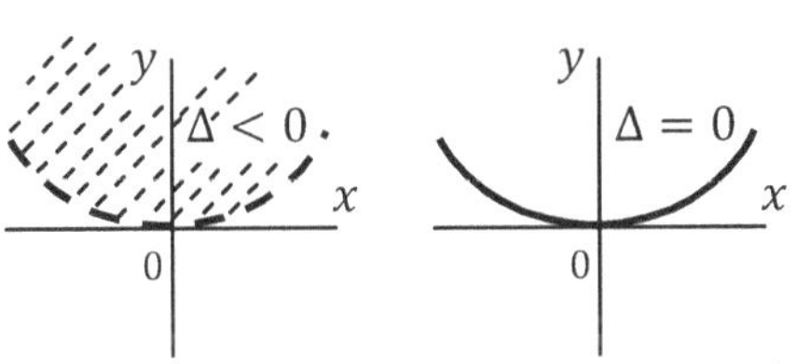

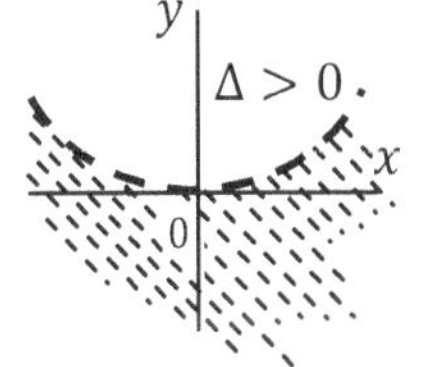

Figura 312

313. a*) En $u''_{xx} = \frac{1}{c^2}u''_{tt}$, $\begin{cases} A = 1 \\ B = 0 \\ C = -c^2 \end{cases}$, $\frac{dx}{dt} = \frac{\pm\sqrt{4c^2}}{2} = \pm c \begin{cases} x = ct + k_1 \\ x = -ct + k_2 \end{cases}$.

b*) En $u'_t = u''_{xx}$, $\begin{cases} A = B = 0 \\ C = 1 \end{cases}$, $\frac{dx}{dt} = \frac{0}{0}$,

no está definida, si $\frac{dt}{dx} = \frac{0}{1} = 0$, o sea $t(x) = t_0$.

314*. En $(x^2 - 1)u''_{xx} + 2yu''_{xy} - u''_{yy} = 0$, $\begin{cases} A = x^2 - 1 \\ B = 2y \\ C = -1 \end{cases}$, $\frac{dy}{dx} = \frac{y \pm \sqrt{y^2 + x^2 - 1}}{x^2 - 1}$.

Bibliografía

Blanchard, Paul; Devaney, Robert L; Hall, Glen R. *Ecuaciones diferenciales*. Ed. International Thompson Editores. México, 1999.

Borrelli, Robert; Coleman, Courtney S. *Ecuaciones diferenciales: una perspectiva de modelación*. Ed. Oxford University Press. México, 2002.

Castro Figueroa, Abel R. *Curso básico de ecuaciones en derivadas parciales*. Ed. Adisson-Wesley Iberoamericana. USA, 1997.

Churchill, Ruel V. *Series de Fourier y problemas de contorno*. Ed. Mc. Graw-Hill. Madrid, 1966.

Citto, Eduardo. *Matemáticas avanzadas para estudiantes de ingeniería*. Ed. Universitas. Córdoba, 2011.

Dpto. de Matemáticas. Univ. de Extremadura. *Apuntes de Ecuaciones diferenciales.* Badajoz, 21 de marzo de 2011.
http://matematicas.unex.es/~ricarfr/EcDiferenciales/LibroEDLat.pdf

Elsgoltz, Lev. *Ecuaciones diferenciales y cálculo variacional*. Ed. MIR. Moscú, 1969.

Kaplan, Wilfred. *Matemáticas avanzadas para estudiantes de ingeniería*. Ed. Fondo Educativo Interamericano. México, 1985.

Kartashov, A. P. y Rozhdenstvenski, B. L. *Ecuaciones diferenciales y fundamentos del cálculo variacional*. Ed. Reverté S. A. Barcelona, 1980.

Krasnov, M. L.; Makarenko, G.I.; Kiseliov, A. I. *Cálculo variacional*. Ed. MIR. Moscú, 1976.

Kreider, Donald L; Kuller, Robert G; Ostberg, Donald, R; Perkins, Fred W. *Introducción al análisis lineal*. Ed. Fondo Educativo Interamericano, México, 1971.

Kreyszig, Erwin. *Matemáticas avanzadas para ingeniería*. Ed. Limusa, México, 1979.

Lathi, B. P. *Introducción a la teoría y sistemas de comunicación*. Ed. Limusa-Noriega. México, 1993.

Mathews, J.; Walker, R. L. *Matemáticas para físicos*. Ed. Reverté. Barcelona, 1979.

O´Neil, Peter V. *Matemáticas avanzadas para ingeniería*. Ed. Cengaje Learning. México, 2008.

Pinsky, Mark, A. *Introducción al análisis de Fourier y ondoletas*. Ed. Thompson, México, 2003.

Rey Pastor, J; Py Calleja, P; Trejo C. A. *Análisis Matemático (8ª ed.)*. Ed. Kapeluz. Buenos Aires, 1969.

Simmons, George F. *Ecuaciones diferenciales con aplicaciones y notas históricas*. Ed. Mc Graw-Hill. Madrid, 1990.

Spiegel, Murray R. *Análisis de Fourier*. Ed. McGraw-Hill. México, 1977.

Stephenson, G. *Introducción a las ecuaciones en derivadas parciales*. Ed. Reverté. Barcelona, 1982.

Zill, Dennis, G. *Ecuaciones diferenciales con aplicaciones*. Ed. Grupo Editorial Iberoamérica. México, 1988.

La presente edición de "*Ejercicios Resueltos de Cálculo Avanzado*"
se terminó de imprimir en el mes de Agosto de 2020
en Universitas. Pje. España 1467. Córdoba.
Te: 54-351-4680913
e-mail: editorialuniversitas@yahoo.com.ar

Impreso en Argentina

UNIVERSITAS
U
Editorial
Científica
Universitaria
CÓRDOBA

www.ingramcontent.com/pod-product-compliance
Ingram Content Group UK Ltd.
Pitfield, Milton Keynes, MK11 3LW, UK
UKHW061829190726
13853UKWH00009B/2518

9 789874 029324